U0512047

细胞拼图

中国生物物理学会 编

机械工业出版社
CHINA MACHINE PRESS

本书以细胞器为线索，详细地介绍了细胞内部结构的发现历程及其科学意义，生动地展现了科学家们在探索微观世界时所展现出的智慧与坚持。书中不仅描述了科学家们是如何通过显微技术等手段发现线粒体、内质网、细胞核等细胞器的过程，还深入浅出地解释了这些细胞器在细胞生命活动中的关键作用，如能量供应、物质运输和遗传信息传递等。

本书采用了通俗易懂的语言，为读者逐一揭开这些"细胞拼图"的神秘面纱。通过生动的描述，向读者介绍了关于细胞器研究的精彩故事，使读者能够更加全面地了解细胞器的结构和功能。通过阅读本书，读者能够在了解科学知识的同时，感受生命科学的魅力。

图书在版编目（CIP）数据

细胞拼图 / 中国生物物理学会编 . -- 北京：机械工业出版社，2025.7（2025.7重印）. -- ISBN 978-7-111-78939-0

Ⅰ. Q244-49

中国国家版本馆CIP数据核字第2025DT7100号

机械工业出版社（北京市百万庄大街22号　邮政编码100037）
策划编辑：郑志宁　蔡　浩　　责任编辑：郑志宁　蔡　浩　韩雨轩
责任校对：韩佳欣　王　延　　责任印制：常天培
北京联兴盛业印刷股份有限公司印刷
2025年7月第1版第2次印刷
180mm×230mm · 14.5印张 · 208千字
标准书号：ISBN 978-7-111-78939-0
定价：98.00元

电话服务　　　　　　　　　　　网络服务
客服电话：010-88361066　　　机 工 官 网：www.cmpbook.com
　　　　　010-88379833　　　机 工 官 博：weibo.com/cmp1952
　　　　　010-68326294　　　金 书 网：www.golden-book.com
机工教育服务网：www.cmpedu.com

编 委 会

推荐序

从一个细胞出发，走进广阔的生命世界

胡俊杰研究员是我在中国科学院生物物理研究所的年轻同事，他是一位优秀的细胞生物学家，也是我上海中学的小校友。最近，他寄给我一份近 300 页的科普书稿——《细胞拼图》，邀请我为此书作序。我在中国科学技术大学课堂上学习细胞生物学这门课还是在 20 世纪 60 年代，现在我们研究生物化学不仅要研究试管内纯化的生物大分子的各种性质，还需要在活细胞内去验证这些分子在体外表现的性质以及在细胞内的生物学功能。我作为一个生物化学家不得不经常补课，有一个偷懒的却可能还是比较有效的方法——一旦在具体课题研究的实施中遇到细胞生物学上不明白的问题，我马上向年轻的细胞生物学家们请教，即所谓"边学边干"，在研究成果日新月异的现代细胞生物学面前我永远是个初学者。不管怎样，好奇心和求知欲让我立即读起这本书来，很快我被内容吸引。我相信许多像我这样的人，也包括中学生和大学生（无论他们是否学过细胞生物学），都会有兴趣读这本关于生命科学的科普著作。

2023 年 6 月，我有幸作为一名发起和参与"科学与中国"巡讲活动的院士专家代表给习近平总书记写信，汇报巡讲活动开展以来取得的成绩，倡议启动"千名院士·千场科普"行动，凝聚院士专家群体的力量，为加强国家科普能力建设、加快实现高水平科技自立自强作出更大贡献。2023 年 7 月 20 日，习近平总书记发来回信，他肯定了我们多年来积极参加"科学与中国"巡讲活动的形式和效果。他认为我们在"广泛传播科学

知识、弘扬科学精神，在推动科学普及上发挥了很好的作用"。他指出，科学普及是实现创新发展的重要基础性工作，并殷切地希望我们继续发扬科学报国的光荣传统，带动更多科技工作者支持和参与科普事业，以优质丰富的内容和喜闻乐见的形式，激发青少年崇尚科学、探索未知的兴趣，促进全民科学素质的提高，为实现高水平科技自立自强、推进中国式现代化不断作出新贡献。我认为《细胞拼图》的撰写者们正是用实际行动积极践行习近平总书记的谆谆教导。

我为《细胞拼图》写序很可能会摊上"班门弄斧"的名声，但响应中央参与科普事业的号召，履行一名老科技工作者的职责，继续虚心学习，向公众和年轻读者介绍一本好的科普著作应该是我的责任也是我的荣幸。况且，《细胞拼图》是由中国生物物理学会集结多个相关领域的科学家，花费了三年多的时间，精心撰写打磨出来的。我恭敬不如从命。

《细胞拼图》作为一本科普著作有着许多与其他科普著作不同的特点，我试图与大家分享和讨论。细胞是所有生命体结构和功能意义上最基本的单位。有的生命体只有一个细胞，即单细胞生物，如细菌、酵母；而当进化到最高级复杂的人类，一个生命个体估计就有数十万亿个细胞。不同类型细胞的大小、形态、化学成分、生物功能都是不同的，但它们的结构与功能的最基本特性还是一致的，或者说是通用的。我们想揭示生命运动的本质就必须要研究细胞的结构与功能。在本书中，前10章分别讲述细胞的细胞膜、细胞核、内质网与高尔基体、内吞体和溶酶体、自噬体、脂滴、线粒体、叶绿体、过氧化物酶体、细胞骨架，这10个最基本的组成部分，用细胞生物学的专业术语说就是"细胞器"，它们逐一拼成一个完整的细胞。第11章"细胞成像"则介绍了细胞研究最关键的工具显微镜的发展历史及其对细胞生物学发展的重大贡献。

第一，这本书每章的内容都是以讲历史故事的形式展开，包括从发现现象到深入研究的过程，有时这些过程还是反反复复、曲曲折折的——从提出假设到假设的验证；从大量的实验数据到新理念和新理论的提取、凝练、升华。所以，我们读这本书就是在听一个个妙趣横生的故事，这在科普著作中是不多见的。

我们历来以传授知识为重点的教育就是老师教授、学生理解并记住，通常强调结论，至于这个结论是如何从最早（甚至与此结论看似毫无关系）的发现，经过哪些人怎样一步步发展得来的过程，教授知识和接受知识的人对此都缺乏热情，因此人们常常知其然而不知其所以然。这一点对做科学研究的危害特别大。如果人们对科学问题的本质理解得透彻，对该领域中关键进展的细节，也就是上面说的从"发现"到"结论"的过程了解得清晰，那么人们在选题、实验设计和数据分析方面就会贯穿好的科学逻辑。

第二，《细胞拼图》是用人的故事来串联细胞科学的历史故事的，或者说讲细胞科学的同时还讲了那些与发现、假设、理论直接关联的科学家的故事。他们的家庭背景、求学过程、性格特点各有不同，但那些看似偶然其实隐藏着必然的巧合事件，尤其引人入胜。其中不乏有关诺贝尔奖获得者的故事，以及一些多次改变兴趣、多次跨界、多次变换职业而最终取得成功的有趣故事。值得一提的还有一位研究内质网的科学家汤姆·拉波波特（Tom Rapoport）和他的家庭在过去百年世界格局变化中身处东西方的传奇经历。我最早"认识"汤姆是读他于 2001 年发表在 Cell 上的一篇论文 "Protein Disulfide Isomerase Acts as a Redox-Dependent Chaperone to Unfold Cholera Toxin"，这个工作为我们 1993 年提出的假说 "Protein Disulfide Isomerase is both an enzyme and a molecular chaperone."（蛋白质二硫键异构酶既是酶又是分子伴侣）提供了极好的实验证据，而且揭示了蛋白质二硫键异构酶的分子伴侣性质是氧化还原依赖的。而第一次见到汤姆本人则是 2016 年在中国科学院生物物理研究所召开的一个小型学术会议上，对双方文章都已很熟悉却第一次相互面见的激动场景大家大概都有体会。后来俊杰加入中国科学院生物物理研究所，他是汤姆的博士后，这更增加了我们与汤姆的联系。所以，我们通过读《细胞拼图》获得细胞生物学知识的同时，也了解了许多知名科学家传记中的精华，真是一举两得。这在一般的科普著作中也是不常见的。

第三，《细胞拼图》中的科学故事附有许多真实的实验记录，珍贵的显微镜下的图片，为故事提供确凿的实验证据。这些"老照片"现在很少看到了。此外，本书涉及的人物都有加工过的"头像"，虽不是照片，却一眼就能识别，使读者能够认识这些在细胞生物学发展中留下脚印的科学家，"加工"为本书增添了艺术气息。

第四，《细胞拼图》里每出现一个概念、名词，作者不但给予科学上的严谨定义，而且为了让大众更容易理解，常运用"比喻"的写法。比如，作者把细胞比喻成地球上的一个个国家，细胞的"国境线"就是细胞膜，或者叫质膜，细胞内的物质各有各的"国籍"，细胞膜上同样存在一些"海关"，只有经过检验许可的物质才能按照"规矩"进出细胞。我觉得这些比喻十分恰当，细胞膜的概念马上鲜活起来了。

愿这本《细胞拼图》能成为打开科学之门的一把钥匙，为读者点亮探索生命世界的热情，也为中国生命科学的未来播下更多希望的种子。

中国科学院生物物理研究所研究员

王志珍

生物化学家

前　言

　　《细胞拼图》这本书，千呼万唤始出来。关于细胞内部结构研究发现历程的精彩故事在中国生物物理学会（简称"学会"）二十多位科研人员长达三年多的精心打磨下，终于和广大读者见面了。

　　我们为什么要和大家分享这样的故事？

　　事情要从 2020 年讲起。当时，中国生物物理学会刚刚组织成立了"中学生物学教学工作委员会"（简称"工委会"），徐涛理事长和张宏秘书长意图通过团结国内各地的中学生物学教研员代表，来搭建学会一线科研人员与渴望生物学知识的广大年轻学生之间的一座桥梁。两位学会的领路人还特意请来了资深中学生物学教学专家——北京师范大学的刘恩山教授来全面主持工委会的工作。工委会的第一个主要活动，就是在每年召开的中国生物物理大会上开辟一个完全属于中学生的学术论坛。在报告人的遴选中，工委会的评审组特意向条件较为艰苦地区的学生倾斜，希望这些孩子也能有机会施展自己的才华，逐步实现自己科学研究的梦想。活动一经公布，各地的中学反响强烈，一些山区学校的老师甚至联系学会说，如果他们的学生最终没能入选论坛报告，他们愿意自己出钱送孩子们过来学习交流。这样的热情和渴望令我们动容。我和张宏也因此想，我们学会除了论坛还能为未来中国生命科学的希望做些什么？我们能不能把我们专业的精彩故事讲给他们听，哪怕对他们有一点点启发和激励，我们也心满意足。

　　于是，写一本书的想法油然而生。

　　然而，专业的事不好讲。太细节的知识老师在生物学课堂上都会讲授，如果我们把教材里的内容换一种方式讲述出来，这本书就成了学习辅导材料，对课业沉重的读者来说也不会有太大的吸引力。但如果我们进行创作时太脱离专业，抑或是把关于细胞的事写成刺激的科幻故事，又有些违背了我们写书的初心。当时我就想，我在讲授"细胞生物学"的十几年经历中搜集了一些重要科学发现背后的故事，这些故事往往被直抒结论的教材一笔带过，却非常受学生们的欢迎，这些故事中的逻辑和方法也对即将踏入科研领域的年轻人颇有启发。在这个思路下，我们找来了研究十一种细胞内精细结构的专家们，一起来搜集早期科学家们研究这些细胞部件"拼接"过程中的曲折故事。这样，《细胞拼图》的框架就立起来了。

细胞这个东西，我们好像都听说过，但感觉它仿佛又离我们很遥远。为什么？因为细胞太小了，肉眼根本看不见，我们很难有直观的认识。正因为此，"细胞生物学"这个研究细胞内部精细结构的学科一直到二十世纪四五十年代才见雏形。也是因为这个原因，困扰人类几千年的传染性疾病无法找到确切的病因，直到十九世纪，一些经典实验和理论才逐渐揭开其神秘面纱——微生物。

细胞到底有多大？

结构较为简单的细菌细胞直径在 1 微米左右，即百万分之一米。相较之下，动物细胞的直径更大一些，普遍在 10~100 微米。一些动物的卵细胞，比如蛙卵，由于储存了大量营养物质，直径可达毫米级，这样大小的细胞基本就肉眼可见了。直径再大一些的细胞还有没有？也有。我们体内有一些神经细胞，负责从脑部经由脊髓控制下肢的肌肉，可想而知，这样的细胞会有很长的突出结构，其长度可达米级。

科学家们研究肉眼不可见的细胞已经很费劲了，细胞里面还有很多更小更复杂的东西，这让科学家们都有些挠头。但所谓"工欲善其事，必先利其器"，这本书里就介绍了细胞生物学家们成功的主要秘诀——显微镜。从十六世纪末期到十七世纪，显微镜的早期研究者为细胞的发现与命名奠定了基础。此后，各种细胞陆续被科学家们观察到，但在这个时期人们想要看到细胞内部的细微结构还是很难的。1931 年，第一台电子显微镜在德国诞生，由此打开了细胞生物学的探索之门。此后，科学家们针对细胞这类有厚度的样品量身定制了超薄切片技术，亚细胞结构也就陆续被人们清清楚楚、真真切切地看到了。当然，"看"不是唯一研究细胞的办法。科学家们把细胞打成碎片以后，里面的细微结构可以根据密度的差别而被一一分离，这相当于利用生物化学或生物物理学的手段来"拆解"细胞并对其进行研究。在同一时期，编码物种遗传信息的 DNA 被科学家们解码，遗传学的方法（筛选功能上的突变体）成为科学家们探索细胞结构、功能工作中的一件利器。这一路走来，许多精彩的故事不断积淀，我们会在这本书里将这些故事为广大读者娓娓道来。

细胞里的各种精细结构犹如一张张拼图，这些精彩的拼图由科学家们抽丝剥茧般一一呈现给大家。研究细胞拼图的科学家们有没有故事？当然有，这些故事也一样精彩。

本书第三章"内质网和高尔基体"中提到了一位研究内质网的科学家汤姆·拉波波特（Tom Rapoport）。汤姆是我的博士后导师，他通过不同的机会给我讲过关于他的很多故事。汤姆出生在一个科学家的家庭，欧洲的一个制作团队以他父母的传奇人生为素材拍摄了一部名为《拉波波特们》的纪录片。让我们简单地了解一下他们的故事。

前些年，新闻里报道了德国有一名 102 岁高龄的老人，于 2015 年 5 月完成了博士论文答辩，领取了迟来几十年的医学博士学位。这位老人叫英格堡·拉波波特（Ingeborg Rapoport），是汤姆的母亲。英格堡老人早在 1938 年就在德国汉堡大学完成了对白喉病的研究，并撰写了博士学位论文，但当时的政治环境，不允许大学向犹太人授予学位，所以她一直没有机会进行论文答辩。英格堡后来在儿科学领域做出非凡的贡献，得到了国际同行的高度认可。举个例子，英格堡是东德儿科的一面旗帜，在她的带领下，东德的婴儿死亡率要比同期很多西方国家的婴儿死亡率都低。决定重拿学位的英格堡拒绝了学校建议的荣誉性学位，而是坚持进行真正的答辩。拿到学位后，她说这样做已经不是为了自己，而是为了大学和像她那样遭受不公平待遇的犹太人。

英格堡年轻时在美国遇见了同样在那里避难的塞缪尔·米佳·拉波波特（Samuel

Mitja Rapoport），两人结为夫妻，并定居在辛辛那提。在美国生活的这段时间，塞缪尔解决了血液体外保存的难题，挽救了第二次世界大战战场上大批士兵的生命。但由于拉波波特夫妇对共产主义理论的高度认同，1953 年，他们又受到了麦卡锡主义运动的威胁，被迫逃难回到了欧洲。在欧洲，他们又多次辗转。之后，塞缪尔一手建立了东德生物化学领域的教学和科研体系，拉波波特夫妇为东德的医学发展做出了重要的贡献。在他们的一生中，任何的艰难挫折都没有动摇他们为梦想奋斗的信念。

我想，类似这样的故事是值得与对科学研究感兴趣的读者分享的。

除了科学家的精神，我们在编写这本书的过程中也无时无刻不被一样东西触动，这是一种推动着无数科研工作者不畏困难挫折、奋力向前的神奇力量。我暂时把它称为"scientific moments"——科学瞬间。这是高尔基尝试了多种细胞和染色方法后看到那团黑乎乎的"高尔基体"时的自信微笑，这是张宏研究员意识到线虫 P 颗粒的不对称消失其实缘于自噬时的会心喜悦。希望各位《细胞拼图》的读者也有机会遇见和享受属于自己的"科学瞬间"。

中国科学院生物物理研究所研究员　胡俊杰

2025 年 2 月

目录

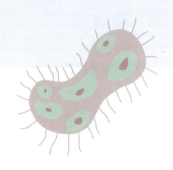

第6章　脂滴

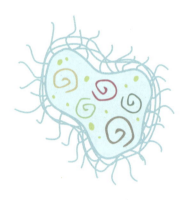

第7章　线粒体

第8章　叶绿体

第9章 过氧化物酶体

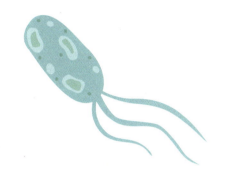

第10章 细胞骨架

第11章 细胞成像

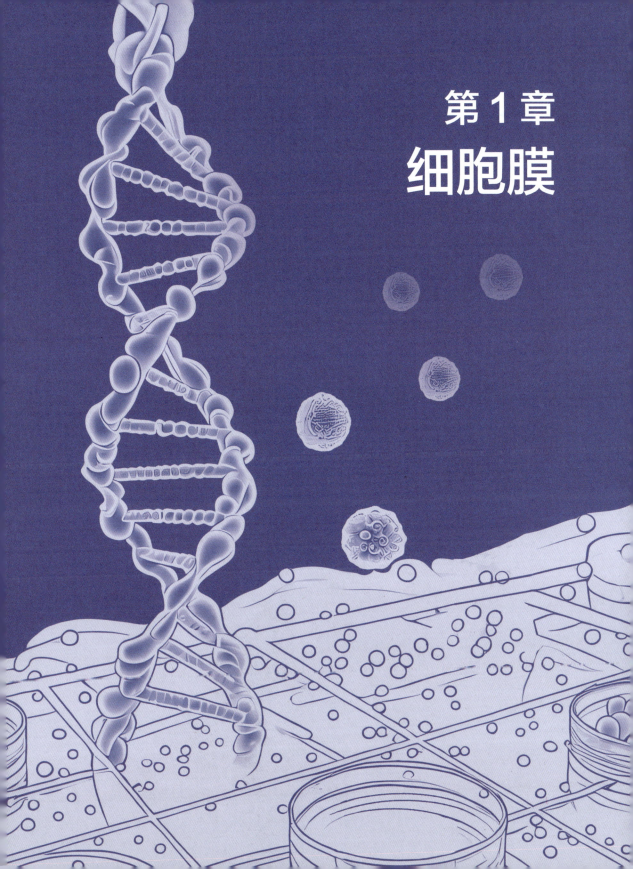

第 1 章

细胞膜

1665 年，胡克利用自制的显微镜第一次观察到软木塞的微观结构——很多小格子，就像一排整齐的囚室。从此，细胞真正地进入了人们的视野。

　　现在我们已经知道，细胞是生命活动的基本单位。它们彼此独立，又互相协作。就好像地球上的一个个国家，国境线区分开不同的国家，而细胞的"国境线"就是细胞膜，或者叫质膜。细胞内的物质各有各的"国籍"，不能随意进出其他细胞，以维持细胞内环境的稳定。同时，细胞也不能孤立存在，需要与其他的细胞交流——就好像国家有海关，细胞膜上同样存在一些"海关"，只有经过许可的物质能够出入。总之，细胞膜就和国境线一样，既是维护相对稳定的屏障，又是允许人员、物资有选择地流动的筛子。

　　然而，找到细胞的"国境线"并证实它的工作原理，显然不是一件容易的事。这其中，无数科学家为此耗尽了毕生的精力。从胡克到欧文顿，从朗缪尔到尼克尔森，从死去的植物细胞到在人体中循环的红细胞，从白炽灯的启发到轨道形态的观察……科学家苦心求索或者误打误撞，仔细观察或者大胆假设，让我们来看看这一段段曲折的旅程吧！

显微镜下的细胞膜

1.1　欧文顿的努力

1665 年，罗伯特·胡克（Robert Hooke）首先利用自制的光学显微镜观察到软木塞内部存在的一个个小格子，显微镜下的微观世界从此进入了人们的视野。这些宛若蜂巢的小格子被胡克称为"cell"，也就是"小室"的意思，后来就成了我们所熟知的"细胞"。

不过，对于第一次看到新奇景象的科学家来说，得到现代意义上"细胞"的概念并不是非常容易。科学家观察到的结构有点像纺织品（tissue），如同一根根棉线交织成一块棉布——于是"tissue"在生物学中也有了"组织"的意思，即由形态和功能相同或相似的细胞以及细胞间质构成的细胞群体。也有科学家琢磨，这样的空腔结构连成一片，是不是很像发酵良好的面包切面？既然面包是均匀的，这些如小室一般的小小空腔似乎也应当彼此相通。

不过，这样的猜想很快被推翻。

通过显微镜人们第一次看到细胞壁结构

纺织品的微观结构

有人发现，在给某一个小室注入一种色素后，这种色素并不能自如地从一个小室渗透到另一个小室，除非动用暴力手段摧毁中间的"墙壁"。显然，这些小室并不是相通的，它们是独立的个体。

既然每一个细胞都彼此独立，那么，不管从什么角度考虑，给细胞表面糊上一层"屏障"都是维持细胞相对独立最稳妥的做法。

不过，当时的科学技术还没法让人们直接看到这层"屏障"。更何况，人们最早在软木塞上观察到的小格子只是细胞的"死皮"，而非真正活着的细胞。可想而知，胡克费了很大劲都没法用原始的光学显微镜在动物组织中观察到类似的结构。由于一直观察不到类似的结构，细胞表面是否存在真实的屏障就没有明确的答案。莫非，这层屏障并非实体？

这样的讨论持续了近两百年，有些猜想说，细胞是由各种生物分子因为"相变"或"相分离"凝聚而成的一团物质。什么是"相分离"呢？通俗点说，就好像油滴在水溶液中的存在，虽然两者都是液态物质，但由于相溶性的屏障产生了同一状态下的分离。那么"相变"的道理也一样，本来是液态的琼脂糖可以凝固成固态的琼脂糖，发生这种变化的原因可以是温度条件的改变，也可以是分子的浓缩凝聚。

细胞的屏障和相变、相分离有什么关系呢？我们平时喝的奶茶里的珍珠，其实是用木薯淀粉加工形成的，液态的木薯淀粉不断凝聚，会变成一个个胶状的小球，泡在奶茶里就形成了相变或相分离。如果生物大分子像淀粉液一样，那么这些生物大分子

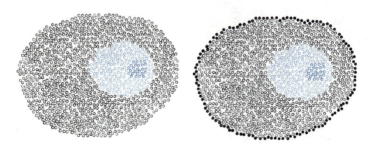

十九世纪科学家想象中的细胞

也许会在接触到细胞外的环境后形成团块，细胞表面就会变硬，形成一个个被硬壳包裹的彼此独立的细胞。

现在看到"相分离"三个字，简直有种时空错乱的感觉，相分离虽然是一个相对古老的物理学概念，但在当今的细胞生物学领域又重新燃起了研究"相分离"的热潮。现在的细胞生物学家开始关注到，细胞内存在相分离现象，这种现象能够令细胞内部的功能区域得到区分，推动生理活动的进行。当然，细胞膜本身并不是什么"相分离"的结果，而是另有原因。

不过，关于细胞膜真正的进展到十九世纪中期才出现。1855 年，瑞士的两位植物学家卡尔·冯·内格里（Carl von Nägeli）和卡尔·克莱默（Karl Cramer）首次报道了植物细胞的"质壁分离"现象。

植物细胞经过高渗溶液处理（比如泡进浓盐水中），细胞壁"不为所动"，但细胞质会发生脱水，使其不再充盈细胞壁划分的空间，而是从细胞壁上脱落下来。这个过程即使用当时的显微镜，人们也能较清晰地观察到。

现在，质壁分离现象已经广为人知，中学生或许都曾经用光学显微镜观察过这一生物学现象。实际上到这时候，细胞膜已经展现在人们的眼前，但当时人们还没办法清楚地看见它，只是隐隐觉得细胞表面应该还是有一层屏障的，事情恐怕不是"相分离"那么简单。无论如何，打开细胞膜大门的钥匙已然在悄悄转动。

又过了十年，在 1865 年，发现细胞膜的主人公查尔斯·欧文顿（Charles Overton）在英国降生。说起来，欧文顿算是出身科学世家，他的母亲是达尔文的远亲，外祖父则是一名昆虫学家。因为母亲身体的缘故，欧文顿很小的时候便搬到了苏黎世生活，在当地学校完成了基础教育，并在 1884 年进入苏黎世大学，专攻植物学。

阿尔卑斯山的秋天绚丽多姿，引起了欧文顿的强烈兴趣。为什么植物会产生各种各样的色彩？欧文顿发现，植物细胞中的花青素含量与叶片的含糖量相关。随后，他又研究了一番植物遗传学，正是基于植物遗传学的研究，欧文顿意识到，有些物质似乎能够轻易地进入细胞里面，而其他物质则几乎进不去。现在我们知道，细胞膜的通

水鳖（马尿花）

一种浮水草本植物。欧文顿选择了这种植物的根须进行渗透实验。

透选择性是造成这种差异的主要原因，但在当时，物质进出细胞的差异令人费解。

于是，欧文顿开始着手系统地研究这个问题。作为一名植物学家，欧文顿熟知当时被报道的质壁分离现象。于是，借助这一体系，欧文顿开始系统分析不同物质进入细胞的能力。实验流程是这样的，先用已知的高渗条件诱导细胞发生质壁分离（比如使用较稀的盐水），然后又用一些溶剂溶解不同的物质，并加到植物细胞外面。如果这些物质进入了细胞，那么渗透压就会改变，细胞膜会扩张直至渗透压恢复平衡，质壁分离的现象就会消失，反之则不会。同时，欧文顿还通过测定细胞质量对质壁分离的程度进行了定量分析，从而能够更准确地比较不同物质的渗透性。

这个实验现在看来十分简单，即使没有接触过生物学研究的人，经过简单的训练，都能够顺利完成。但是在实验生物学刚刚萌芽的十九世纪末期，这可是一个工作量浩大的项目，前后持续了四年多。

如果我们有机会接触到生物或化学实验室，大概会注意到实验室里的产品目录跟字典差不多厚，上面密密麻麻写着的都是试剂供应商能提供的各种原材料。欧文顿的实验，几乎就是他抱着一本产品目录，对不同物质逐一验证的。用他自己的话来说，市面上能够弄到的化学物质差不多都被试验了一遍。

欧文顿获得海量数据后，进行了一番归纳总结。他发现，容易进入细胞的物质拥有一个共同的特点，就是疏水性比较强。所谓疏水性，顾名思义，就是对水溶性的环境有一定的排斥，比如我们日常盛放油脂食物的器皿，用

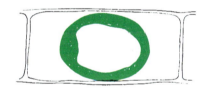

质壁分离

正常的植物细胞→质壁分离→复原。欧文顿将发生质壁分离的植物细胞浸泡在等渗溶液中，额外加入不同的成分。通过观察植物细胞质壁分离的程度，便可以推测物质是否能够渗透进入细胞。

水就冲洗不干净，就是因为油脂有较强的疏水性，而洗洁精的妙处，就是利用自身的化学性质对油脂进行亲水性的"涂层"处理，这样一来，油脂就能用水一冲而净了。既然物质有"相似相溶"的特性，那细胞表面决定物质进出难易的隐形屏障会不会也是疏水性的？

欧文顿进行了一番推演：首先，脂溶性的物质不会造成细胞皱缩，而水溶性的物质会令细胞脱水。所以，脂溶性的物质要比水溶性的物质更容易渗入细胞。其次，细胞皱缩与分子的大小无关。所以，滤网结构的假设是不成立的。决定这些实验中的物质能否穿过细胞膜的关键是溶解性，而不是什么网孔的大小。最后，坚硬的细胞壁不参与细胞的形态变化。综合推演的结果，欧文顿推测，细胞表面存在与细胞壁不同的另一层膜。考虑到脂溶性物质与水溶性物质的差异，欧文顿进一步推测说，这层膜是由脂溶性成分构成的。在细胞里已知的生物大分子中，脂质具备了这一特点。因此，欧文顿提出，细胞表面有一层脂质。

那么，是哪些脂溶性成分呢？显然，不能是甘油三酯，因为在生理条件下，这类物质很容易发生水解或被脂肪酶分解，不能稳定存在，因此不能履行细胞膜的职责。欧文顿指出，细胞膜的主要成分可能是胆固醇与磷脂。这样也可以完美地解释多组实验中的"异常"——水和少数几种亲水分子也能够穿透细胞膜。胆固醇酯和胆固醇－卵磷脂混合物能够吸纳大量的水，这完美地化解了理论的困境。甚至，欧文顿还大胆推测，细胞内的各种物质能够发挥作用主动地将某些分子搬运到细胞中来。

当时的人们其实根本不了解胆固醇、磷脂等分子的生理作用，而欧文顿的结论准确得令人惊愕。毫无疑问，欧文顿是当之无愧的细胞膜理论的先驱者。他的伟大之处不仅在于他不厌其烦地进行实验，还在于他卓越的归纳能力——从海量的数据中找到问题的根源，并通过仔细大胆的假设解决理论的难题。

从1895年到1900年，欧文顿陆续发表了五篇文章，论述膜通透性方面的实验结果。按当时的术语，欧文顿称此为"渗透的特征"，并且，他小心翼翼地使用"怀疑"这样的字眼提出了自己构建的细胞膜模型。后来，欧文顿的"怀疑"被人们称为"欧文顿法则"——溶质的渗透性与它的油/水分配系数线性相关。膜生物学的基石自此奠定。

欧文顿与梅耶

欧文顿是一位十分谨慎甚至谦卑的科学家，他甚至不愿意使用"假设"这样的词语来阐述自己意义重大的发现，一些重要的成果也因此经过较长的时间才被披露。实际上，在进行渗透实验的时候，欧文顿已经发现，有一些化学物质能够可逆地减弱实验细胞的活力。他只要稍微往前一步，将这一发现与他所"怀疑"的欧文顿法则联系起来，麻醉学的重要经验法则就能够形成。不过，欧文顿总觉得自己应当进行更加广泛的研究、建立更完善的体系，不应当仓促地发表结果。

1901年，欧文顿离开了苏黎世，来到德国的维尔茨堡大学，成为马克西米利安·冯·弗雷（Maximilian von Frey）的助手。彼时，另一位科学家汉斯·霍斯特·梅耶（Hans Horst Meyer）也已经独立完成麻醉剂与脂溶性关系的研究，并且即将发表研究结果。就在这一年，欧文顿终于出版了他的重要著作《麻醉与药理学研究》。在引言中，欧文顿提到这些数据其实在较早的时候就已经收集到了，但是他希望能够在更宽广、更具体的背景下加以阐释。并且，欧文顿注意到了梅耶的成果，他特意注明，梅耶的发现早于自己的发现。后来，人们将他们的发现称为"梅耶－欧文顿法则"——一般麻醉剂的效能与其脂溶性大致成正比，与分子形态或结构无关。这一法则成了麻醉学百年来最重要的经验法则之一。

1.2 白炽灯与双层膜结构

细胞结构的研究到这里便停滞下来。在看不见细胞膜的时代，验证欧文顿的猜想宛如盲人摸象。回顾细胞膜的探索，几乎每一步重大的发现都有赖于新技术、新理论的发明。比如，细胞膜是双层结构这一发现，便有赖于表面化学领域的进展，而这一进展又得益于白炽灯的改良。

欧文·朗缪尔

早期白炽灯的寿命很短，很不耐用，很多科学家忙于探索如何延长白炽灯的寿命，欧文·朗缪尔（Irving Langmuir）也是其中之一。1881年，朗缪尔出生于纽约。小时候，朗缪尔的视力很差，但父母仍然鼓励他多观察事物，记下详细的笔记。在充满爱的家庭中，朗缪尔的好奇心得到了细心的保护与引导。朗缪尔九岁那年，就在地下室搭起了"工作室"，孜孜不倦地探究着那些看似简单的现象。强烈的兴趣、良好的习惯，成了他一生丰硕成果的基础。

1899年，朗缪尔进入哥伦比亚大学学习冶金工程。1903年，他从冶金工程专业毕业。随后，他前往德国，在瓦尔特·赫尔曼·能斯特（Walther Hermann Nernst）的指导下转向物理化学，攻读博士学位。恰好，当时能斯特对白炽灯产生了兴趣，便指导朗缪尔开始研究白炽灯。谁也不会想到，这看似平平无奇的决定会让白炽灯与细胞膜在未来的某一时刻发生一场奇妙的际会。

接下来的数年时间里，朗缪尔致力于研究如何延长白炽灯的寿命。他向白炽灯中充入诸如氢气、氮气、水蒸气等不同的气体，观察白炽灯的使用情况。很快，朗缪尔发现，氮气能够极大地延长白炽灯的寿命，而氢气则会解离成原子氢，吸附在白炽灯的灯泡壁上，并且灯泡壁的吸附能力是有限的。朗缪尔尝试提高注入白炽灯的氢气量，测定残余的氢气量后发现，白炽灯最多能够吸附的氢气量刚好够原子氢在灯泡壁上形成单原子层。

随后，朗缪尔将气－固界面的现象推广到了液－固、气－液等不同的界面，科学界鼎鼎有名的油膜实验就是基于这一原理诞生的。

脂质是两亲性分子，有亲水的头部和疏水的尾部，根据"相似相溶"的原理，当脂质分子接触水面后，就会自发地用亲水的头部与水面相互作用，而疏水的尾部就会远离水面，致使整个分子呈现倒立的状态。将脂质分子滴入水中，脂质分子将散乱地在水面扩散，脂质在水面上占有的面积缓慢地收缩，将形成一张由单分子层构成的"油膜"。由于每个脂质分子的二维投影面积是已知的，使用朗缪尔槽，则可以测定一定面积的"油膜"中所含脂质分子的数量。这个工具既然能够定量脂质，那么就为接下来的生物膜研究做出了关键的铺垫。

朗缪尔的贡献远不止于此，他一生兴趣广泛、成果丰硕。使用惰性气体充填白炽灯的技术是白炽灯技术的重要革新，单分子油膜实验则为生物科学的发展提供了重要的工具，而他对表面化学的深入研究也令他开创人工降雨的新时代。朗缪尔一生获得了 63 项专利，他因为在表面化学领域的杰出贡献于 1932 年获得诺贝尔化学奖。除此以外，朗缪尔获得的其他重要奖项数以十计，他得到了十几所著名大学颁发的荣誉学位，曾任美国化学学会主席和美国科学促进会主席。

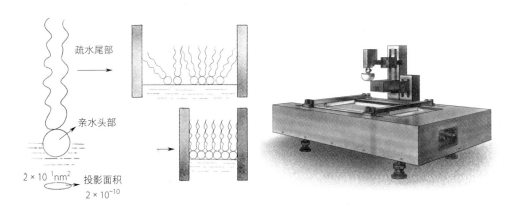

疏水尾部

亲水头部

$2 \times 10^{-1} nm^2$ 投影面积 2×10^{-10}

制作脂质分子单层技术图解　　　　　膜平衡技术实验装置

朗缪尔几乎所有的成就都可以追溯到他最早对白炽灯的改良、对真空现象的探索，再往前追溯，则源于他童年时代强烈的好奇心。也许正因为此，朗缪尔一生都在强调好奇心的重要性。

朗缪尔提出的单分子油膜原理在不久后就进入了细胞学家的视线。1925 年，埃弗特·戈特（Evert Gorter）和詹姆斯·格伦德尔（James Grendel）提出了这样的设想：假设细胞膜的确是由脂质构成的，那么细胞膜脂质铺展得到的单分子油膜可以至少覆盖整个细胞表面。只要将细胞膜上的脂质萃取出

戈特和格伦德尔实验结果

（插图来源：*J Exp Med* 期刊）

来，使用朗缪尔槽，测定脂质单分子层的面积，再与理论的细胞表面积比较，便能够验证假设正确与否。

于是，戈特和格伦德尔选定红细胞作为研究对象，经过实验与计算后最终发现，单分子油膜的面积恰好是细胞膜表面积的 2 倍，那么，细胞膜应当是一种由双层脂质构成的结构。

戈特和格伦德尔的研究结果与后来科学的证明大致符合，成了引用频次极高的文献。实际上，两位科学家的研究充满了奇妙的阴差阳错，甚至是误打误撞的结果。

第一，他们的确选择了完美的研究对象。红细胞在成熟以后会"丢失"内部的细胞器，所以，使用红细胞计算油膜面积，避开了细胞内部膜对结果造成的干扰。

第二，红细胞不是真正的球形，它是两面凹陷的饼状结构，戈特他们推算的细胞表面积要比实际表面积低百分之三十左右。

第三，他们萃取脂质所用的有机溶剂存在提取效率的局限，提取过程中的损耗量恰好也大约为百分之三十。

按照我们现在对质膜的理解，细胞膜上还有其他一些成分，而单分子油膜面积与细胞表面积比值为2:1的结论显然并没有留下任何空间给它们，这不符合事实。

不论如何，戈特与格伦德尔的结论精准得宛如得到命运的眷顾。同时代的其他科学家就没有这么好的运气了，他们重复了这一实验，却得到了不同的比值。抛开我们现在已知的结论，对于当时的科学界来说，戈特与格伦德尔的研究仍然是值得讨论的。

戈特与格伦德尔做实验的同时，也有一些科学家在使用别的方法推断细胞膜的结构。雨果·弗里克（Hugo Fricke）估测了细胞膜单位面积上的静态电容（最早期的电生理实验），借此推断膜的厚度为3.5纳米，但他却认为细胞膜应当是由单层脂质构成的，其实细胞膜上两个脂质分子堆叠出来的高度恰好是3.5纳米左右。另外，还有一些科学家则借助样本反射光线的强度，推断认为细胞膜的厚度符合双层脂质结构。

1.3　片层结构模型的提出

在长久的争论中，时间来到了1935年。细胞膜结构的探索又迎来了新的发现，这次，主人公是年轻的詹姆斯·丹尼利（James Danielli）和休·达夫森（Hugh Davson）。

1911年，丹尼利出生在英国。他的曾祖父约瑟夫是一名伐木工人，十九世纪时从意大利搬到英国生活。丹尼利家族有着浓厚的天主教传统，因此丹尼利的父亲小时候在伦敦修道院长大。然而，丹尼利的母亲赫莲娜·霍林斯（Helena

詹姆斯·丹尼利

Hollins）不是天主教徒，丹尼利获得了宽松而自由的成长环境，在温布利附近的乡村里度过了自己无比快乐的童年。

小时候的丹尼利就从父亲那里学习到，如果你发现自己有某样长处，那就应当不遗余力地证明它。有了这样的态度，丹尼利变得无比自信，而自信正是科研成功的源泉。丹尼利十七岁时，以优异的成绩进入伦敦大学学院学习化学。他进入大学不久，参加了杰克·德拉蒙德（Jack Drummond）教授的数次讲座。德拉蒙德教授是一名生物化学家，对细胞膜通透性颇有研究。在那里，丹尼利与当时忙于寻找导师的同学休·达夫森志趣相投，两人开启了奇妙的合作之旅。

休·达夫森

　　与丹尼利相对安稳的生活不同，达夫森的家境没那么优渥，他研究起步时也遇到了一些波折。达夫森家中有八个孩子，他排行靠中。对于自己的处境，他非常清楚地说："大家庭会存在某种约定俗成的规矩，比如现在有一英镑，年纪最大的孩子得到了五先令，那么年纪最小的孩子可能只得到六便士，我呢，也许就会得到两先令。"同样，念书所需要的钱也得在八个孩子之间进行分配。一开始，达夫森的父亲为他支付了一笔大学学费，不过很快，他便需要自己争取奖学金了。于是，达夫森开始寻找导师，他先是找到了克里斯托夫·英果尔德（Christopher Kelk Ingold）教授。当时，达夫森对价电子理论很感兴趣。成绩优秀的学生当然不会被英果尔德拒绝，他领着达夫森来到书架前，取下一叠文件，里面有一个课题——合成某种复杂的化合物并使其发生氢化。达夫森挣扎了半年，实验毫无进展。英果尔德逐渐失去了信心，甚至打算不再给达夫森提供奖学金。于是，达夫森放弃了研究价电子理论，转而投入到膜通透性的研究。

　　新的膜结构模型又是怎么产生的呢？这灵感来源是海胆的卵细胞。在显微镜底下，海胆的卵细胞结构明晰，再配上当时的离心显微镜，可以观察到更多的细胞结构。

科学家观察到海胆的卵细胞在离心作用下会被拉伸，当离心力达到一定值，卵细胞便会被一分为二。那么，只要计算出临界的离心力，就能够推断出卵细胞维持完整形态所需要的表面张力。

令人惊奇的是，计算得到的表面张力远远小于油水界面的张力。显然，细胞膜上还存在一些其他的成分，能够令表面张力降低。那么，这些神秘的成分是什么？

于是，丹尼利和达夫森在脂质双分子层模型中引入了另一种两亲性分子——蛋白质。这些蛋白质既亲水又亲油，能够大大降低细胞膜的表面张力。他们推想，脂质构成双层结构，脂质两侧又各附有一层球状的蛋白质，形成类似三明治结构的细胞膜。同时，他们还指出，尽管图中的蛋白质位于脂质层的外部，但由于某些极性分子能够透过细胞膜，因此，会有一些蛋白质是横跨整个细胞膜的。这样的构想不仅完美地解决了表面张力的问题，还能够与欧文顿、戈特与格伦德尔等前辈几十年来累积的直接或间接证据相吻合。

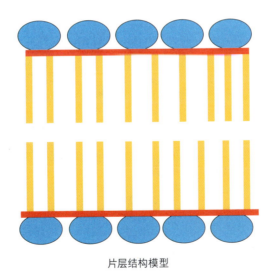

片层结构模型

丹尼利与达夫森将这一构想写成了著作《细胞膜的通透性》，并邮寄给了剑桥大学出版社。剑桥大学出版社将这部作品出版，并且将其美国地区的版权以二十英镑的价格卖给了自己的子公司。多年以后，达夫森回想起此事仍然觉得简直不可思议："我们俩每人只拿到了五英镑！书却再版了一次又一次……"

无论如何，这一模型在之后几十年的时间里都非常流行。同样，它的诞生巧合得令人不得不感叹科学家的直觉。实际上，构建这个模型的理由存在很多漏洞。丹尼利他们比较的表面张力是细胞膜的表面张力与单分子油膜的表面张力，但当时他们已经了解细胞膜应当是双层膜结构，与单分子膜并不相同。更神奇的是，不仅是丹尼利和达夫森本人，当时的科学界也没有人发现其中的差错。此外，在模型中添加蛋白质并非唯一能够降低细胞膜表面张力的方法，任何一种两亲性分子都可以。

几年后，丹尼利重新论证了片层结构模型的理论基础，这次他选择以细胞膜稳定性为突破口。他认为，独立的脂质双分子层并不能很好地抵抗细胞变形，因此，为了维持稳定的细胞形态，脂质应当以疏水部分向内、亲水部分向外的姿态构成双分子层，同时，蛋白质应出现在脂质两侧，令细胞膜更加强韧。

想验证丹尼利提出的模型究竟是否合理，似乎只能等待观察手段的进步了。毕竟，除非我们可以亲眼看到细胞膜，否则所有的模型似乎都存在一些不合理的地方。

流体镶嵌模型

与片层结构模型同时期提出的还有另一种模型——流体镶嵌模型。流体镶嵌模型在很长时间内与片层结构模型互相竞争。这一模型是基于渗透实验的结果而提出的，这一模型理论认为，细胞膜的表面是不均匀的，筛网状的结构与脂质分子层混合存在。在不同的条件下，筛网状结构的孔径会发生改变，这不仅能够解释为何存在一些极性分子可以穿透细胞膜，也能够解释极性分子在不同条件下的不同渗透情况。

1.4 "轨道"一样的细胞膜

技术领域的革新在二十世纪三十年代出现，电子显微镜问世了。利用电子替代可见光，汇聚成比针头还细的电子束扫过样品。电子束和样品作用后会产生次级电子，此时再采集次级电子的信号，还原成样品表面的图像，分辨率就可以远远高于以往的光学显微镜。人们终于有希望可以直接观察到细胞膜，而不必再通过各种实验间接地推测。

不过，"眼见为实"似乎也不是一定有说服力，即便得到了清晰的图像，如何对其进行解释同样众说纷纭。1953 年，詹姆斯·希利尔（James Hillier）和约瑟夫·霍夫曼（Joseph Hoffman）拍摄到红细胞的表面，发现细胞膜表面分布着大量的斑块，这些斑块附着在下层的纤维状物质上。他们解释说，这些斑块与纤维状物质是片层结构模型中的蛋白质，而斑块之间的空隙则是细胞膜表面的孔洞。同年，弗莱·威士林（Frey-Wyssling）观察了叶绿体类囊体的表面，发现类囊体的表面布满颗粒，于是推测这样的膜是由球状的脂蛋白构成的。

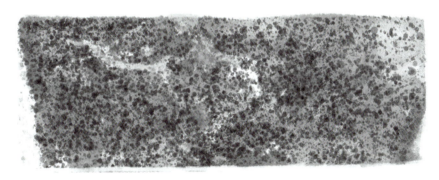

希利尔和霍夫曼得到的红细胞表面图像

不久以后，科学家终于掌握了观察细胞膜截面的方法。使用高锰酸盐固定样本，然后使用环氧树脂包埋、切片，便能够观察到细胞膜的截面。人们采用这样的技术分别观察了肌肉细胞、神经细胞、微生物细胞等样本。结果，因为细胞膜表面的结构过于复杂，差异又十分大，人们甚至开始疑惑到底哪里才是细胞的边界？即便人们想办法去掉了细胞膜表面的复杂结构，镜头里的细胞膜也令人难以理解——两道致密的线条穿过，夹着中间的疏松部分，看起来就像是铁路的"轨道"一样。细胞膜究竟是否能够再分成多个独立的结构？这个问题浮上了众人的心头。到底什么才是细胞膜？细胞膜的结构应当包括什么？

1959 年，艾伦·罗伯森（Alan Robertson）对比了大量电镜图，发现轨道状的结构普遍存在。于是，借助片层结构模型，他提出了"单位膜"假说——致密的线条是蛋白质层，疏松的中间层则是脂质双层结构，蛋白质 - 脂质 - 蛋白质形成三明治结构。这样的结构是细胞膜的基本结构，它应当由所有生物膜共有。

同所有的假说一样，罗伯森的"单位膜"假说也存在一些难以解释的问题。假如"轨道"真的是由蛋白质组成，那么蛋白质必须要铺满整个细胞膜的表面才可以形成完整的"轨道"。可是，一些科学家测定了膜蛋白与脂质的比例，不同来源的细胞的数值出入很大，如果这些蛋白质根本无法铺满细胞膜，那么电镜中的"轨道"从何而来？

更重要的是，这段时间人们掌握了人工模拟双层脂质膜的方法。人们发现，即便没有任何蛋白质，双层脂质也已经足够稳定，甚至在电镜下，这样的人工膜也能被观察到轨道状的外观。那么，罗伯森想象的三明治结构失去了存在的重要依据。

科学家受限于当时的电镜技术，无法观察到有些微生物细胞的轨道结构。那么，这样的模型似乎并不具备普适性。

另外，还有一些科学家则质疑轨道结构的成因。当时的实验固定方法很可能会破坏样本结构，有没有可能这样的"轨道"只是处理样本时产生的错误结果呢？

一些科学家的观点开始动摇。也许，根本不存在一种能够适用于所有细胞膜的膜结构。不同的细胞膜功能差别很大，动物的肌肉细胞凭什么能够和植物的叶绿体共用同样的膜结构呢？也许存在若干种亚结构，它们有着不同的形态、具备不同的功能，亚结构互相组合，便形成了多种多样的细胞膜。

一时间，关于细胞膜结构的争论又进行得如火如荼，科学界需要等待下一次技术和理论上的革新。

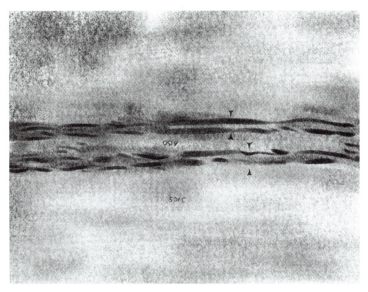

典型的"轨道"图

现在我们一般认为，这种浓 - 淡 - 浓的"轨道"图中，淡色部分为脂质分子，浓色部分则为蛋白质等生物大分子。(插图来源: *Prog Biophys Mol Biol* 期刊)

1.5 流体镶嵌模型的诞生

时间很快来到了二十世纪七十年代，关于细胞膜结构的说法却依然莫衷一是，似乎所有的模型都存在若干难以解释的问题。

这时候，断层技术出现了。科学家将样品进行低温冷冻，然后撕开样品，此时，细胞膜表面的亲水结构不会受到影响，但两层膜中间的疏水结构将遭到破坏。借助于此，科学家终于可以撕开细胞膜的双层结构，观察到细胞膜内部的形态。

于是，人们又采集了液泡、细胞核、叶绿体、线粒体等不同的生物膜，使用显微技术观察。得到的显微图是像马赛克一样的结构，光滑的基质中有着大量凸起的颗粒，而对应的另一层膜则相应有着凹陷。很快，蛋白质的存在变成了大家所公认的事实。如果蛋白质是镶嵌在生物膜中的，那么撕开两层脂质的时候，总会有蛋白质留在脂质层中，人们当然可以看到这样的马赛克结构。

不过，既然蛋白质能够嵌到双层膜中间，那么，黏附在脂质层外侧的简单模型就不再能够解释蛋白质的形态。

巧合的是，这一时期热力学领域的进展证明蛋白质能够依照亲水性、疏水性、电荷等作用，折叠形成稳定的结构。蛋白质可以是片状的、螺旋状的、球状的……某些形态的蛋白质能够穿过整个生物膜，先前渗透实验的解释不再是难题。

科学家还发现，蛋白质在细胞膜上的分布是随机的。使用特殊的抗体结合细胞膜上的某种蛋白质，然后观察抗体在一片较大面积的细胞膜上的分布。结果发现，抗体面积大小不一，分布也没有明确的规则。此外，细胞融合实验又解决了自细胞膜研

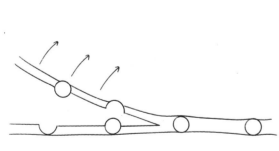
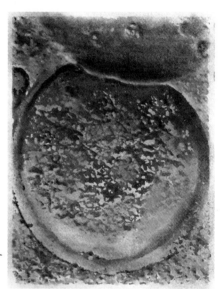

膜分裂示意图与"马赛克"结构

（插图来源：*Proc Natl Acad Sci U S A* 期刊）

究以来很早就存在的一个问题——细胞膜究竟更像液体还是更像固体？科学家试着将分别来源于人类和小鼠的细胞融合在一起，并采用不同的荧光跟踪细胞膜的运动。很快，随着细胞的融合，两种荧光也混杂了起来。看起来，细胞膜更接近液体，细胞膜中的成分是能够在某种程度上发生自由运动的。

不断出现的证据引起了乔纳森·辛格（Jonathan Singer）的注意。这位出生于纽约的科学家原本是研究物理化学的。在博士后期间，他关注到地中海贫血患者血红蛋白的电泳表现，并与免疫学家丹·坎贝尔（Dan Campbell）多有合作。渐渐地，辛格的兴趣开始发生偏转。

1961 年，辛格进入加利福尼亚大学。在那里，他致力于创建一个与众不同的生物系。在这里，学生将学习遗传学、生物化学、生理学等相关的学科。生物系和化学系将共享同一座大楼，实验室交错安置，很多必备的仪器也是共享的。这一切，都是为了打破学科与学科之间的界限，鼓励学生能够动用一切可以使用的先进知识、先进手段，去钻研学问、解决问题。

在这样开阔的研究思路下，1965 年，辛格的视线开始转向膜生物学。此时，比辛格年轻二十岁的尼科尔森（G. L. Nicolson）刚刚从化学专业本科毕业，开始在加利福尼亚大学攻读生物化学方向的博士。1972 年，辛格和尼科尔森在广泛搜集并解读已有的研究成果之后，提出了著名的"流体镶嵌模型"——生物膜是由脂类构成的、具有流动性的双分子层，分子的疏水性部分朝向外侧，亲水性部分朝向内侧，蛋白质能够部分地或者全部地镶嵌到脂质双分子层中，一些磷脂能够与膜蛋白发生特异性的反应。

这个模型一经提出，便获得了学界的强烈反响。辛格和尼科尔森的每一条推

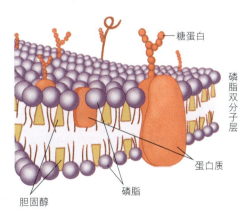

糖蛋白

磷脂双分子层

蛋白质

磷脂

胆固醇

磷脂双分子层模式图

论、每一步论证都能够与实验结果吻合，他们据此发表的论文成了生物学领域被引用次数最多的论文之一。"流体镶嵌模型"也至今仍然是大家公认的、最基本的细胞膜模型。

后来，尼科尔森在回顾自己的科研经历时，这样告诫青年科学家——要学会整合、利用多方面的信息，哪怕这些信息看起来毫不相干。只有联合多个领域、充分利用多种信息与手段，才有可能在重要问题上取得突破性的进展。

追寻尼科尔森的研究思路，也许仍然能够回溯到辛格呕心沥血创建的"共享型"生物系。辛格为加利福尼亚大学的生物系操劳了几十年，刚起步的时候，临时系馆被安置在离主校园很远的地方，实验室一片混乱，随时等待搬迁。精力充沛的辛格像个超人一样一边处理各项杂务，一边设计新本科生的教学计划，甚至还能够挤出时间请学生喝咖啡、去自己家中聚会，凝聚起一支创造力十足的研究团队。

辛格直到 70 岁，才从忙碌的学校工作中脱身，进入退休状态。但他的科研工作并没有停止，辛格开始与医学院的研究者合作研究阿尔茨海默病的诱因与遗传学问题，这一忙又忙了二十年。甚至，辛格的目光不止停留在学界，他关注人类、关注全世界的共同问题，为高等教育的商业化担忧，为大数据的泛滥担忧。直至去世前几个月，辛格受困于疾病，才停止了写作，不过，当时的他想必仍然没有停止思索。

小结

辛格和尼科尔森共同发表在《科学》杂志上的论文使得研究人员对细胞膜的认知形成了一定的共识，争论暂时告一段落。不过，新的发现还会不断地涌现，比如十多年后，德国科学家凯·西蒙（Kai Simon）提出了"脂筏"理论，认为细胞膜上普遍存在着一些特殊的结构。不管怎样，辛格和尼科尔森的流体镶嵌模型成了当前教科书里描述生物膜的"正确答案"，而这篇归纳总结性的研究论文也在发表后的五十多年里被引用了一万多次，彰显了这个生物膜结构模型无与伦比的重要性。

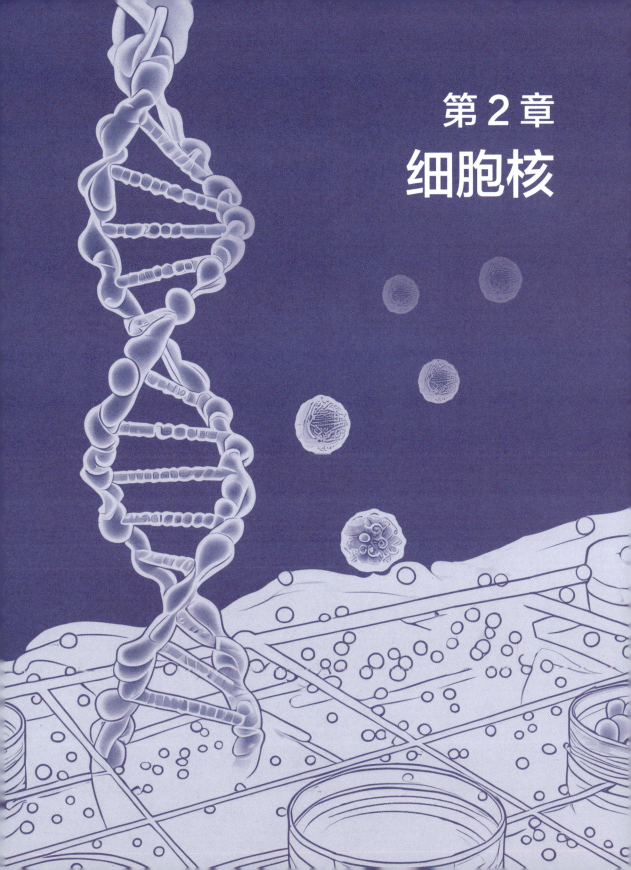

第 2 章
细胞核

在绝大多数情况下，细胞核都是真核细胞中最醒目、最核心的亚细胞结构。细胞核是人类最早在显微镜下看到并加以描述的细胞内部的重要部件，它承载着重要的遗传信息、调控着细胞代谢，是整个细胞的"大脑"。本章将从细胞核的发现谈起，带领读者穿过多孔的核膜、紧贴着核膜的核纤层，探查染色质的组装，看看液滴一般漂浮在细胞核中的核仁，再从功勋卓著的模式生物那里了解细胞周期如何被调控。最后我们再回到细胞核本身，聊一聊细胞核可能的起源。

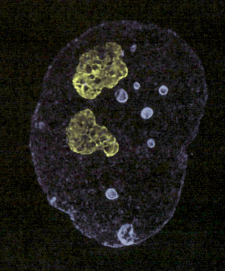

细胞核

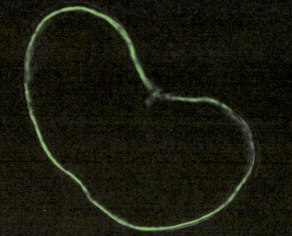

细胞核膜

2.1 细胞核的发现

人类从显微镜中看到的第一个细胞是植物细胞。同样，人类最早也是从植物细胞中观察到细胞核的。

大约在 1802 年，一位叫作弗朗兹·鲍尔（Franz Bauer）的植物学家便发现，植物细胞中存在一种特殊的区域，这种区域不透光。

有趣的是，鲍尔的另一个身份是画家。甚至，他作为画家的声名远胜他作为植物学家的声名。他擅长用画家的眼睛准确地观察植物的光影

弗朗兹·鲍尔

和色彩，也能够用精细而准确的笔触忠实地绘制他观察到的植物，同时又不失艺术的美感。值得一提的是，由于摄影、摄像等手段并未被普及，早期的植物学家大多擅长画画，因为这是记录观察结果的重要方法。画家的跨界成果也有很多例子，比如发明莫尔斯电码的塞缪尔·莫尔斯（Samuel Morse）也是一个画家。

遗憾的是，鲍尔不擅长写学术论文。所以，尽管鲍尔早在 1802 年就观察到了细胞核的结构，但直到 1833 年，鲍尔观察到的"不透光"区域才被确认并命名。而这位命名者叫作罗伯特·布朗（Robert Brown），也是众所周知的布朗运动的发现者。

布朗出生于 1773 年 12 月 21 日，在苏格兰一座风景秀美的小镇长大。在大学阶段，布朗全家搬到了爱丁堡生活，布朗也因此进入爱丁堡大学攻读医学学位。不过，布朗似乎更喜欢植物学，他对植物有着极其浓厚的兴趣。他不仅参加了各种植物学方向的讲座，还为当时最顶尖的植物学家威廉·威瑟林（William Withering）采集标本。

布朗发现，兰花的外层细胞中存在某种不透光的区域，他将其命名为"细胞核"。布朗不仅在植物学领域多有见解，在物理学领域，他同样颇有建树。现在大家熟知的布朗运动最早便是他在研究植物花粉粒时发现的。布朗发现，在显微镜底下，花粉粒

罗伯特·布朗

细胞核

及其他微小颗粒能在水中进行持续且无规则的运动，便将其命名为"布朗运动"，之后他又观察了多种无机颗粒物，发现它们同样能够发生这样的运动，可见布朗运动并不需要源自生命的能量，完全是一种物理现象。而布朗运动的发现也在此后的一个多世纪里成了物理学和数学领域的重要研究课题。

随后，布朗中断了医学学习，并进入军队服役。在当时的环境下，去图书馆、采集植物标本变得非常困难。幸运的是，1798 年，他在去伦敦的路上认识了植物学家约瑟夫·班克斯（Joseph Banks），经由班克斯的介绍，布朗得以成为著名的林奈学会的会员，植物学专业的大门从此向他敞开，他终于可以肆意遨游在植物学的海洋中了。

1800 年，布朗从军队退役，并以植物学家的身份前往澳大利亚考察。在几年的辛勤劳作中，他采集了四千多枚植物标本，其中有两千枚是此前从未被发现的新物种。可惜的是，当地气候潮湿，标本难以保存，更不幸的是，载着绝大部分标本的船在返航途中因为触礁沉没了。即便如此，布朗仍然整理出了两千多种植物，并鉴定出一千多个新物种。

1833 年，布朗发表论文，正式命名了植物细胞的细胞核。实际上，最早描述细胞核的并不是布朗，布朗确认了这一"不透光"区域的存在，并将其命名，"细胞核"这个名词也被沿用至今。

2.2 观察核孔

随着电镜技术的发展，人类开始能够观察到细胞核的更多细节。从 1949 到 1950 年，卡伦和汤姆林选择了爪蟾的卵母细胞作为研究对象。爪蟾作为两栖动物，其卵母细胞拥有相对较大的细胞核，简直是解剖研究的最佳标本。

于是，借助简陋的光镜，卡伦和汤姆林用镊子、钳子剥开爪蟾的卵母细胞，取出细胞核。随后，他们撕开细胞核的核膜，加以固定，移到电镜下，卵母细胞核的核膜呈现出清晰的两层结构——一层看起来什么都没有，另一层则分布着很多孔洞。不过这个时候，卡伦和汤姆林并不能确定到底哪层在里哪层在外，多孔的结构当然有可能是供物质出入的外层，也有可能是支撑光滑核膜的支架。

在看到核膜上的圆环结构以后，卡伦和汤姆林便推断认为，环状物的内径应当等同于核孔的内径。在十几年的时间里，大多数观察者都这么认为。直到约瑟夫·高尔（Joseph Gall）改变了染色的方法，人们的想法才发生变化。高尔使用负染色技术[⊖]，发现模糊的圆环结构原来有层次更加明晰的结构。样品经过磷钨酸盐负染色，可以看到

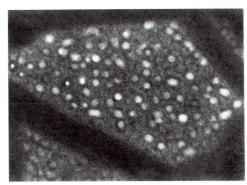

卡伦和汤姆林观察到的两层核膜结构

（插图来源：*Nature* 期刊）

⊖　负染色技术是相对正染色而言的。正染色中，观察对象通常为深色的，背景因为未被染色而显得光亮。在负染色中，背景是黑色的，样品则表现为光亮的。

均匀的深色区域外部包围着一圈明亮的八角形结构，在八角形以外则又有一些染色较深的区域。在反复实验中，高尔发现，八角形以外的区域中，深染部位通常只会出现在八边形外缘一小部分区域。于是，他首次提出核孔是一种八角形结构，而且内外两层膜是连续的。

约瑟夫·高尔

高尔的贡献远不止对核孔复合体的观察。从他十四岁那年得到父母赠送的显微镜开始，奇妙的微观世界就深深吸引了他。他终其一生都站在生物学研究的前沿，从核孔复合体到染色体的结构，再到原位杂交技术……他被誉为现代细胞生物学的重要奠基人之一。

人们对核孔结构的认识几乎同步于电镜技术的发展。在高尔的负染色技术出现之后又十几年，科学家提出了中心截面定理，可以通过不同角度的二维影像重构得到三维结构。1992 年，第一个核孔复合体的三维模型得到了确立。此后，伴随着技术的不断进展，核孔复合体的形态在人们的视野里越来越清晰。到了 2022 年，我国科学家施一公、隋森芳等课题组已经能够将核孔复合体的结构精确到 5 埃甚至 3 埃。

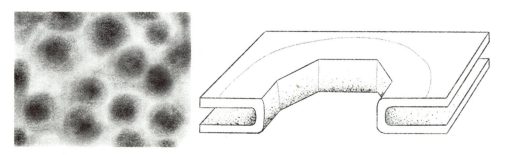

高尔使用负染色观察到的核孔结构和据此推断的核孔结构

2.3　早老症与核纤层

　　1886 年，一名叫作乔纳森·哈钦森（Jonathan Hutchinson）的医生报告了一起病例。一名三岁半的男孩看起来好像一个老头，他的皮肤满是皱纹，肌肉看起来也已经萎缩，皮下脂肪十分稀薄，毛发稀疏，指甲脆弱。哈钦森医生仔细记录了这个男孩的症状，并调查了一番他的家族。结果发现，他的母亲在六岁的时候就患有严重的斑秃，并最终发展到全部毛发悉数脱落，他的其他五个姐妹则身体健康，丝毫没有毛发脱落或者皮肤褶皱的迹象。当时，哈钦森医生并不知道这种奇怪疾病的病因，只能根据他的父母和姐妹们的身体状况，推测是某种来自母系的皮肤发育不良的疾病。

　　到了 1896 年，另一位医生吉尔福德（Gilford）也报道了类似的异常疾病。幸运的是，吉尔福德得以长期跟踪这一病例，并获准对该患者进行尸检——这是人类最早完整地、详尽地记录早老症的报告。吉尔福德不仅注意到这位患者的外观十分接近"干瘪的老人"，也记录了很多先前没有提及的感官上的特点。比如，患者经常会感觉到非常的寒冷或者极度的炎热。气温稍有下降，患者就不得不裹得严严实实。患者的四肢摸起来冰凉，脑袋却又很热。哪怕是在冬天，患者都经常需要使用凉水冲头以减缓"发烫"的感觉——尽管在这些时候，他的体温并无异常。吉尔福德还注意到，患者的智力似乎要比一般同龄的儿童更高一些。虽然，患者从年龄上讲是个孩子，但是他的心理却更接近成年人，即便因为种种原因未能接受正常的学校教育，他仍然表现出良好的品格，性格安静，思考和判断方面都十分成熟、稳重。

　　尽管在早些时候，吉尔福德未能直接观察到患者存在呼吸困难的情况，但患者的母亲和患者自己都陈述说夜间时常感到呼吸困难。伴随着患者身体的迅速衰老，他开始出现大叶性肺炎、持续的原因不明的呕吐和腹泻、上腹部疼痛，并时常感到窒息，很快就去世了。吉尔福德将这一系列症状用"早熟"和"不成熟"加以描述，但是同哈钦森一样，他对这一怪病的根源也百思不解。不论如何，早老症被发现了，并得到了越来越多医生和研究者的关注。之后，学界也用"哈－吉综合征"称这一疾病。

人们真正了解早老症的病因则是大概一百年以后的事情了。在二十一世纪初期，几个研究组不约而同地在早老症病因方面有了突破性的进展。科林斯（Collins）领导的一个研究组对患者进行了全基因组筛查，经过仔细地比对，研究人员将异常基因所在的范围逐渐缩窄到染色体 1q 一段 4.82Mb 的区域上，其中包含有大约 80 个已知的基因，也包括了 LMNA。随后，研究人员对 23 名患者的相应基因进行了逐一的筛查和鉴定，最终发现，患者的 LMNA 基因的第 11 外显子存在突变，导致相应蛋白质羧基末端缺少若干氨基酸，无法被正常切割，导致了这种疾病的发生。

几乎是同时，另一组科学家使用回溯的方法同样将目光聚焦到 LMNA 基因。乔万诺利等科学家观察到，早老症患者表现出类似 MAD 患者的脂肪代谢障碍。已知后者的病因为 LMNA 基因突变，那么，早老症患者的病因是否也与 LMNA 基因的某种突变有关呢？科学家经过仔细的比对和研究发现，早老症患者的细胞无法检测到核纤层蛋白 A，并最终将突变定位到 LMNA 基因的第 11 外显了。

此外，动物模型也从侧面验证了科学家的结论。在上述两组科学家推测突变点位的同期，另一组科学家建构了核纤层蛋白 A 基因缺陷小鼠，他们发现，纯合子个体表现出与人类早老症高度一致的症状，比如生长速率下降、寿命显著缩短等。

插图中纯合子小鼠相较对照组和杂合子小鼠，表现出明显的发育迟缓、形态异常，并在出生四十天后无一幸存。这些特征与人类的早老症十分相似。

插图中核纤层是位于内层核被膜下的一层网状结构，由纤维蛋白组成。

核纤层蛋白 A 基因缺陷小鼠

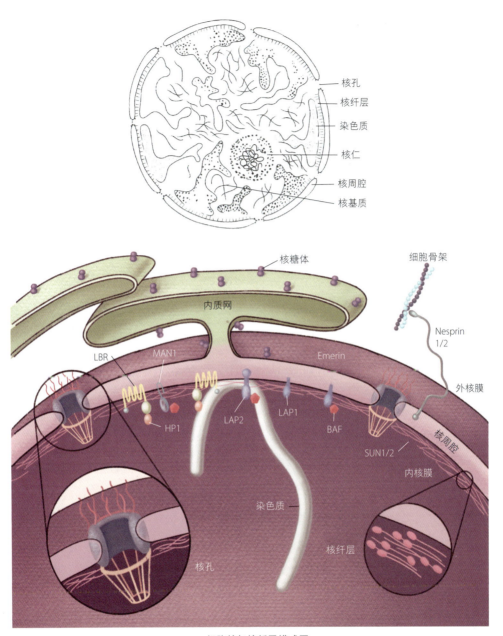

核孔

核纤层

染色质

核仁

核周腔

核基质

核糖体

细胞骨架

内质网

Nesprin 1/2

LBR

MAN1

Emerin

外核膜

HP1

LAP2

LAP1

BAF

SUN1/2

核周腔

内核膜

染色质

核孔

核纤层

细胞核与核纤层模式图

借助不同的手段、通过不同的路径，科学家终于揭开了人类早老症的病因——由于相应基因的突变，患者体内并不能合成正常的核纤层蛋白 A，而缺失了若干序列的蛋白质被称为早衰蛋白。这种蛋白质在细胞核内积累，会导致一系列的异常。那么，是否有可能治愈这种令人绝望的疾病呢？比如，是否有可能从 DNA 层面纠正突变？是否有可能抑制早衰蛋白的产生，或者迅速降解早衰蛋白？是否能够运用健康的组织细胞替换病变的组织细胞？现在，临床上已经有一种药物能够将早老症患者的平均寿命延长 2.5 年，但这远远无法达到正常的人类寿命，早老症治疗依然任重而道远。

2.4　遗传物质的组装

穿过核膜、穿过核膜底下的核纤层，我们便抵达了细胞核的内里。早在 1879 年，德国植物学家华尔瑟·弗莱明（Walther Flemming）便使用一种碱性染料，将细胞核内部的一种物质染成了深红，并很快阐明了细胞分裂过程中，这种深红物质是如何聚集成丝状、分裂成数目相等的两半，并进入两个细胞、形成两个细胞核的，这种物质被弗莱明命名为"染色质"。

从弗莱明绘制的染色质分裂图中可以看到，他不仅描绘出染色质的存在，还准确描述了细胞的有丝分裂、分裂过程中染色质的动态变化。

我们现在都知道，染色质是由 DNA、组蛋白、某些 RNA 与其他蛋白质等组成的生物大分子。DNA 的名头尤其响亮，几乎所有人都知道，这种有着双螺旋结构的分子承载了人类神秘而宝贵的遗传信息。有趣的是，在人们早期探索染色质的时候，一度将蛋白质想象成遗传信息的载体。后来，科学家发现 DNA 才是遗传信息的载体。但是 DNA 与蛋白质究竟如何"纠缠"在一起，在很长的时间内并没有什么突破性的发现。人们只是理所应当地认为，组蛋白就和电线外面的绝缘胶壳一样包裹在 DNA 外面。

直到 1971 年，一对科学伴侣奥林斯夫妇来到英国，希望能够和曾经提出染色质

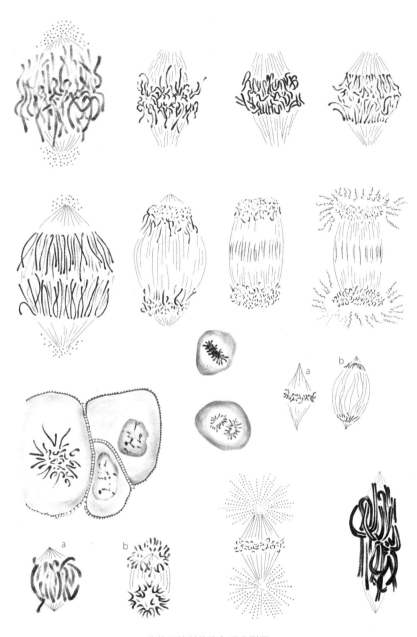

弗莱明绘制的染色质分裂图

超螺旋模型的科学家共同组队探索染色质的结构。不巧的是，当时那些科学家已经纷纷转变研究方向，不再热心于染色质的探索。就在奥林斯夫妇一筹莫展的时候，他们从同事那里得到了一张精致的鸡红细胞核的电子显微照片，染色质就像一串念珠散落在视野里。

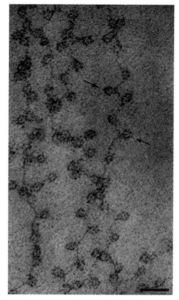

奥林斯夫妇体外观察到的核小体

恰好在这个时候，有三位科学家分别独立地发现，如果用葡萄球菌核酸酶消化染色质，那么染色质只有一些区域对核酸酶敏感，并且不敏感的区域比较均一，这些结果指向染色质中尚存在某种亚单位。

结合这些信息，在 1972 年冬天，奥林斯夫妇提出了绳珠状染色质模型，这些小颗粒结构与组蛋白相关，被称为"小体"。

在随后的两三年时间内，一些科学家也都各自独立地发现了小体的存在，并将其称为"核小体"，这个名字被沿用至今。

现在我们知道，DNA 会缠绕在组蛋白构成的复合体外面形成核小体，核小体串珠结构又被进一步折叠缠绕形成染色质纤维……经过层层折叠缠绕，才能够最终构成细胞内的染色质。前面提到了对染色质和染色体的观察一定需要借助显微镜，有意思的是，人体细胞每个染色体内的 DNA 分子如果被抽出来变成一根线，这根线可以长到肉眼可见的两米多。

随着研究的进展，蛋白质的重要意义再次进入科学家的视野。1988 年，迈克尔·格伦斯坦（Michael Grunstein）和他的学生韩珉运用酵母，证实了组蛋白的乙酰化与否将能够决定基因是否被激活。而组蛋白乙酰化究竟如何实现，则是由阿利斯（Allis）的经典实验完成的。

阿利斯出生于 1952 年，在美国俄亥俄州长大。1978 年，获得生物学博士学位以

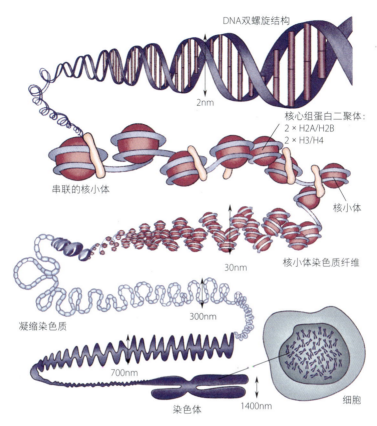

细胞中染色质的组织网络

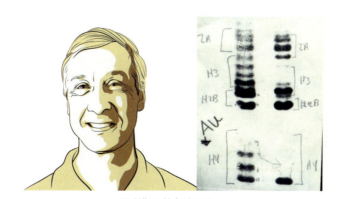

阿利斯及其实验记录

后，阿利斯开始了博士后研究。当时，染色质已经是一个比较热门的研究方向，阿利斯也深受鼓舞，决定专门探索组蛋白的秘密。他推测，染色质既然是遗传所必需的，那么所有的真核生物应当共有某些最为基础的机制。于是，他将目光投向了四膜虫。这是一种类似草履虫的单细胞生物，浑身长着短短的纤毛，快乐地游动在很多种人工培养液里，几个小时就能繁殖一代。四膜虫的体内拥有两个细胞核，大核负责滋养细胞生长，小核则携带有五对染色体，保存了四膜虫繁殖所需的遗传信息。阿利斯机智地推测，四膜虫的大核必然携带了 DNA 转录所需的蛋白质资源库，如果能够纯化大核，或许就能得到乙酰化组蛋白的酶。

现在我们回溯阿利斯的研究，会认为将四膜虫作为实验对象是一个完美的、聪明的选择。但当时的实验并不顺利，"在冰冷的屋子里度过了一个又一个小时，希望比大海捞针更渺茫"，"酶可能已经纯化到无法看见的地步，连银染都毫无结果。"阿利斯回忆。好在勤奋的吉姆·布劳内尔（Jim Brownell）加入了阿利斯的实验室，他首先借助活性电泳证实了酶的存在，随后提纯了整整 200 升四膜虫培养液，才得到了足

《组蛋白的故事》

沙发上坐着组蛋白"老师"，他正在教导 DNA"学生们"如何工作。壁炉上的相片则是立下了汗马功劳的四膜虫。

以进行鉴定的清晰条带。他们发现，得到的乙酰化酶与酵母中已知的转录共激活因子 GCN5 同源。此后的十数年间，组蛋白乙酰化成了生物学界成果频出的热门领域。人们确信，组蛋白不仅仅是单纯供 DNA 缠绕的支架，更是能够控制 DNA 如何被读取的活性平台。

2.5 核仁是一种液体

早在十九世纪三十年代，人们就通过光学显微镜观察到细胞核里还有一种致密的球形结构，当时的科学家称之为"核中核"——也就是现在所说的"核仁"。一百多年后，有了分辨率极高的电子显微术，核仁的形态和功能才得到了较为充分的阐释。现在我们知道，核仁是 RNA 和蛋白质的组装物，在细胞繁殖中发挥着重要的作用。神奇的是，核仁并没有被膜包围，却能够像有膜的细胞器那样形成一个相对独立的结

克利福德·布兰格温

构，拥有特定的大小和形状。这一点令生物学家百思不得其解。幸好，物理学领域的学者为我们带来了崭新的思路。

和大多数学者不同，克利福德·布兰格温（Clifford Brangwynne）小时候并没有表现出多少对科学的兴趣。一直到高中，偶然的机会阅读了一些介绍量子力学的科普读物，布兰格温才生出了旺盛的好奇心。原来我们生活的物理世界还有那么多未解之谜，布兰格温决定一探究竟。

在这样的兴趣驱使之下，布兰格温进入了大学。他的兴趣十分广泛，从材料到机械、从物理学到生物学，布兰格温对一切未知都充满好奇，只恨自己分身乏术。在兴趣的指引下，他最终在哈佛大学获得了应用物理学的博士学位，随后到德国从事博士

后研究。这时候，他开始对细胞的内部结构产生兴趣，当时，这还是一个新兴的研究领域——那些没有膜的细胞器究竟是如何形成的？在这里，布兰格温广泛的兴趣、丰富的知识结构有了完美的用武之地。2009 年，布兰格温和海曼（Hyman）通过研究线虫中的 P 颗粒（由蛋白质和 RNA 组成的凝集体），发现 P 颗粒并非像我们通常认为的是一种固体，而是像液滴一样，相互碰撞融合，剧烈摇晃后会分散成很小的液滴，而后又很快地融合形成大液滴。他们从而提出"相分离"的概念。细胞内通过相分离，可以提供一种特定的方式让细胞内的特定分子聚集起来，从而在"混乱的"细胞内部形成一定"秩序"。布兰格温轻描淡写地谈到自己的重大发现——细胞当然也是符合物理规律的，生物大分子能够形成一种液态凝聚体，通过相分离形成（没有膜的）细胞器。核仁就是这样的一种结构。

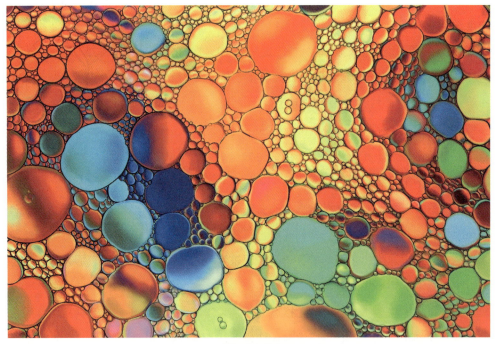

形似相分离的图

2011 年，布兰格温与同样深耕于细胞结构的海曼、蒂莫西·米奇森（Timothy Mitchison）一道，运用发育生物学中最常用的模式生物——非洲爪蟾，证实了核仁具有类似液体的性质。他们选择的研究对象是卵母细胞，相较于体细胞，爪蟾的卵母细胞有着硕大无比的细胞核，核内分布着大量核仁，十分利于观察。

他们拆解了爪蟾的卵母细胞，取出细胞核，泡进矿物油中，然后使用盖玻片轻柔地按压细胞核。通常，经过这样的操作，核仁起初的形态并不十分规整。但是只要观察一小会，就能看到核仁彼此融合，半小时左右就能够复原为球体。

插图中三个核仁彼此相连，左侧两个核仁之间的连接不稳定，经过几十秒就断开了，右侧两个核仁的连接则相当稳定，逐渐融合，最终这三个核仁形成了一大一小两个球体。同样，使用探针将一个核仁推到另一个核仁边上，两个核仁也能够快速地融合变成一个较大的球体。这样，布兰格温他们证实了核仁具有液态的性质。那么，液态的核仁是如何独立存在的呢？类似水中的油滴，物理性质不同的液体能够发生相分离，形成独立的小环境。当然，细胞核内的相分离要比这个复杂得多，还涉及分子之间的弱相互作用和相应的相变过程。异常的相分离与很多重要的疾病相关，对这些问题的答案科学家仍然在持续不断地探索中。

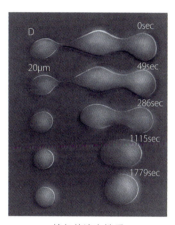

核仁的液态性质

2.6 从酵母到细胞周期调节基因

从染色质的观察开始，人们就已经熟知细胞有丝分裂的过程。从一个小小的受精卵开始，经过一次又一次的增殖，最终形成五脏俱全的人体，随后仍然是细胞不断地分裂、不断地更替，伴随人体成长、衰老。究竟是什么在驱动、控制细胞周期，这个问题很早就引起了科学家的注意。

二十世纪六十年代末期，美国科学家利兰·哈特韦尔（Leland Hartwell）开始尝试运用酿酒酵母研究细胞周期，凭借基因工程的手段，一口气分离出一百多个调节细胞周期的基因，即细胞分裂周期基因（cell division cycle gene），并发现了决定 DNA 开始复制的蛋白 CDC28。多年后，当哈特韦尔回顾自己的科研生涯，他甚至认为，将酵母这种完美的模式生物带入细胞学研究领域，是比研究成果本身更有意义的事。不过有趣的是，哈特韦尔使用酵母进行实验本身

利兰·哈特韦尔

也是一次不得已的尝试。在哈特韦尔从事博士后研究以前，他从来没有接受过任何关于酵母细胞实验的科学训练。当时，他刚刚开始涉足细胞生长与分裂的调控研究，原计划是采用动物细胞进行实验，可惜因为实验室条件的限制，很多设备和材料都需要一一采购。在等待必需品运输的漫长时间里，哈特韦尔就只能泡在图书馆里寻找新的灵感。这时候，酵母进入了他的视野。于是，哈特韦尔决定试试这种看起来更容易操控的实验对象。随后，哈特韦尔特意去加州大学和华盛顿大学拜访了两位研究酵母的大师——唐纳德·霍索恩（Donald Hawthorne）和赫舍尔·罗曼（Herschel Roman），两位前辈不仅教会了他如何操作，还借给了他实验起步所需的菌种和显微镜。就这样，哈特韦尔的研究生涯正式"起飞"了。前辈的慷慨与善良也在哈特韦尔身上得到了传承。在他的研究成果迅速产出的二十世纪七十年代，他四处写信介绍自己实验室的研究进展，邀请大家参与到酵母的研究中来，也正因为此，现在人们一想到酿酒酵母这一著名的模式生物，总会想起哈特韦尔这位重要的先驱。

哈特韦尔疯狂发表研究成果的时候，保罗·纳斯（Paul Nurse）刚刚独立进入研究领域。哈特韦尔发表的文章令他心驰神往，他决定沿用哈特韦尔的研究方法。不过，纳斯在研究中使用的是裂殖酵母。同酿酒酵母不同，裂殖酵母呈短圆柱状，生长

到一定大小以后，就能够从中间裂开形成两个子代细胞，而酿酒酵母的分裂则是以出芽的方式完成，"芽"经过长大和分裂成为一个新生的子代细胞。纳斯研读了一番哈特韦尔的研究成果，打算从裂殖酵母中分离 cdc 突变体。办法很简单，突变体细胞将无法分裂，但可以继续生长，变得十分细长，因此，只要分离出体型细长的酵母，便可以寻找到 cdc 突变体、进而鉴定 cdc 基因。但是，直接挑选体型细长的细胞实在太费劲了，纳斯决定采用一种"便捷"的方法——先诱导突变，然后观察细胞形成的菌落，分离细长的细胞。可是一旦开始实验，纳斯很快发现自己陷入了泥沼，非特异性的 DNA 损伤也会导致细胞伸长，如此选择出来的酵母菌并不专一，这样的"便捷"方法还不如常规筛选来得可靠、迅捷。

挣扎了一段时间的纳斯打算放弃这不靠谱的筛选方法。偏偏在这个时候，他意外发现了一些小个子的菌落。纳斯迷茫片刻后便意识到，个体小，说明这种细胞可能是另一种神秘的突变，它增殖得要比正常速度更快。于是，纳斯改变了思路，决定筛选小个子酵母，鉴定其中作用于细胞周期的基因。之后的故事似乎顺理成章——纳斯鉴定发现了一种叫作 CDC2 的基因，并证实了这种基因与 CDC28 基因功能仿佛。他还发现，CDC2 基因不仅控制细胞周期的开始，还能够对细胞周期进行"限速"，确定细胞何时进入有丝分裂。此外，Cdc2 蛋白是一种激酶（Cyclin-dependent kinase，CDK），是通过蛋白质的磷酸化来实现细胞周期控制的，这样的机制在所有真核生物中普遍存在。

当然，所谓的"顺理成章"只是我们归纳、梳理科学发现全过程时人为修饰的结果，实际的科研充满了一念之差的不确定性。比如，承载着 cdc2 突变的那团菌落最开始生长在被污染了的板子上。而那个时候，纳斯承受着巨大的压力。小个子突变太过稀少，好不容易筛出的突变体也没有什么新鲜的

保罗·纳斯

结果，实验非常不顺利。在这样的心情下，纳斯简直不想再碰这堆一看就很难纯化的突变体，扬手把它扔进了垃圾桶，骑车回家吃饭。然而，回到家中的纳斯又感到不安，万一那堆突变体里就有自己苦苦寻找的重要基因呢？于是，纳斯在漆黑的雨夜回到了实验室，从垃圾桶里捡回来这堆酵母，重新进行了分离培养——CDC2 基因也确实出现在这批酵母中。而关于 CDC2 基因参与细胞周期两个阶段的控制的判断更是来源于实验中出乎意料的数值，纳斯一度认为是温度计坏了，反复实验，结果都与预想的不同。他甚至一度想要舍去这个异常的结果来换取论文的快速发表。当然，他没有这么做，否则也就不会有后续这么多重大的发现了。

2.7　海胆与周期蛋白的发现

蒂姆·亨特

在纳斯与裂殖酵母苦苦搏斗的同时，蒂姆·亨特（Tim Hunt）在剑桥大学完成了博士学位，来到马萨诸塞州的海洋生物学实验室，开始研究海胆卵子的受精过程。这是一条与纳斯所走的完全不一样的道路，海胆的世代周期非常长，几乎不可能像酵母那样进行遗传学试验。不过，海胆的卵子却是一样极好的研究胚胎细胞周期的模式生物。海胆的卵子和精子非常容易获取，卵子可以在水里甚至在显微镜底下发育，一旦人工授精，所有卵子将在一到两天的时间内完全同步发育。亨特便试图研究海胆卵子的受精过程，他想看看究竟有哪些蛋白质的合成在这个过程中发生了变化。

这对亨特来说是一个全新的领域，在此之前，他一直致力于研究网织红细胞。在海洋生物学实验室，他快速地学习实验技术，大量汲取发育生物学和细胞生物学相关的知识，并运用到自己的研究中。可惜，大部分的研究都毫无进展。到了 1982 年，几乎所有与海胆相关的研究都被搁置了，他和他的学生提出所有猜想都被实验结果——否定，简直到了无法继续研究的地步。绝望中的亨特决定做一个最简单的实验——看看受精卵的蛋白质合成谱与单性生殖的蛋白质相比到底有什么区别。就这样，"一个崭新的发现"诞生了——受精卵中存在某种高浓度的蛋白质，它的浓度会在细胞分裂时先大幅下降，随后再回升，直至下一次分裂。

这样浓度周期性振荡的蛋白质令亨特感到意外，也感到困惑。在周五晚上例行举办的学术酒会上，他谈起了自己的意外发现，结果另一位科学家约翰·格哈特（John Gerhart）饶有兴致地告诉他，他们在做爪蟾卵母细胞的减数分裂，促成熟因子 MPF 同样表现出周期性的特征——MPF 的活性会在第一次减数分裂和第二次减数分裂期间神秘消失，这个特征与亨特发现的蛋白质特征完全一样。

实际上，MPF 的发现与命名早在十年前就已经完成。人们很早就发现，孕酮处理能够令两栖动物的卵母细胞成熟。于是，日本科学家增井义雄（Yoshio Masui）决定探索一番究竟是机制推动了卵母细胞的成熟。他采用孕酮催熟卵母细胞，并在不同时间点取出经过处理后的卵母细胞的少许细胞质，将其注入不成熟的卵母细胞中。结果发现，孕酮处理后的前十二个小时内，取出的供体细胞质几乎无法影响受体细胞。在孕酮处理后的第二十到第四十小时之间，供体细胞质能够极大地推动受体细胞成熟，之后，效果再次下降。于是，增井得出结论，供体细胞质中存在某种促成熟因子 MPF，能够诱导受体卵母细胞成熟。可惜的是，这一发现并没有引起太多人的注意，直到人们察觉 MPF 的周期性似乎能够与亨特发现的蛋白质的周期性吻合。

不过，亨特的研究也并没有因此变得很顺利。那个夏天结束以后，亨特回到了剑桥大学。在剑桥大学，要想获取海胆简直是不可能的，亨特对自己的研究也没有什么信心，他甚至一度认为，那样周期性振荡的蛋白质莫非只是他们的幻想，或者是一场白日梦。第二年夏天，他又来到海洋生物学实验室，再次进行重复实验，结果完全可以重现！但是因为人员的流动等因素，直到 1986 年的圣诞节，他们才克隆并测序了海胆的一个周期蛋白。随后，实验突飞猛进，他们迅速分离得到了海胆的周期蛋白 A 和周期蛋白 B，证实它们在细胞周期的不同阶段降解，并发现这些蛋白质不仅存在于海洋无脊椎动物体内。

亨特与哈特韦尔、纳斯在分别探索海胆与酵母的时候，大概都没有想到他们的研究成果会构成同一张"拼图"。几年后，人们经过鉴定发现，MPF实际就是由周期蛋白与Cdc2编码蛋白组成的。这三位科学家也因为在细胞周期领域做出的杰出贡献，获得了2001年的诺贝尔生理学或医学奖。

2.8 细胞核从哪里来

现在，让我们从细胞核的精细结构中脱身，想一想这样的问题——细胞核究竟为什么要出现？它从哪里来？很多教科书告诉我们，真核生物之所以被称作真核生物，是因为它的细胞中拥有真正的、双层膜包被的细胞核，而原核生物不具备这样的结构。那么，出于什么样的契机，真核生物才演化出了细胞核？

这个问题始终没有得到很好的回答。一些学者认为，细胞核的来源就和线粒体、叶绿体那样，某次，一个外来的生物进入了细菌体内，从此共生在一起，外来的生物就形成了细胞内的细胞核。外来的生物是什么呢？科学家经过一番对基因组的比对，某种产甲烷的古菌成了有希望的待选者，它的特定蛋白质与真核生物的组蛋白存在一定的相似性。

不过，这样的共营模型并没有多少说服力，它尤其难以回答真核细胞为何需要将基因组圈起来，将转录和翻译的过程分离开来。菲利普·贝尔（Philip Bell）和竹村正治（Masaharu Takemura）则通过彼此独立的研究认为，与其说一个古菌进入了细菌的体内，倒不如说是病毒入侵形成了细胞核。贝尔他们找到了相当多的证据，比如，痘病毒的DNA聚合酶与真核生物中的一种重要聚合酶高度相似，巨病毒更是携带了参与细胞基本过程的重要基因。更关键的是，痘病毒和巨病毒能够在宿主细胞内创建一间隔室作为病毒制造工厂。巨病毒的自建工厂个头就和真核细胞核一样大，甚至拥有像细胞核一样的内膜和外膜。于是，贝尔他们推测，要么病毒工厂直接演化形成了细

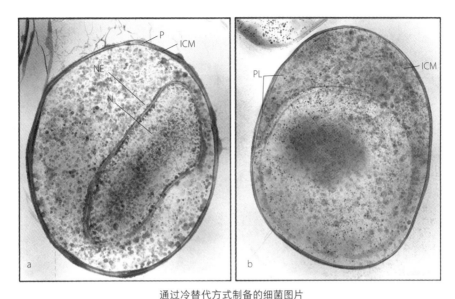

通过冷替代方式制备的细菌图片

隐球出芽菌 (a) 和斯氏小梨形菌 (b) 的薄切片透射电镜图。NE：核膜；N：拟核；
ICM：细胞质内膜；P：外室细胞质；PL：小梨形菌属的一种膜细胞隔室。

胞核——在这种情况下，宿主细胞成了病毒工厂的"躯壳"，要么原核细胞"学习"
了病毒的方法，给自己搭建了一座工厂保护自己的基因。总而言之，在这个模型中，
细胞核源于某种病毒的入侵。

　　当然，也有科学家指出，将细胞核和病毒搅和在一起，是将问题复杂化，这种将
所有原核生物粗暴地定义为不具备细胞核结构的生物的理论，早就过时了。例如，隶
属于浮霉菌的隐球出芽菌，它的染色质就被双层核膜包裹，与真核生物的细胞核结构
非常像，而斯氏小梨形菌的染色质则被单层膜包裹。细胞核很可能就是在原核生物逐
渐向真核生物演化中出现的。对此，浮霉菌门中的某些细菌的确提供了可能的证据，
仔细观察它们的细胞内膜，其结构有时候是与细胞膜相连的。那么，很可能至少有一
些细胞内膜结构起源于细胞膜内陷，无须外来生物的"帮助"就能够向区室化的真核
细胞演化。

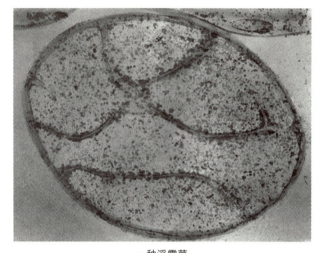

一种浮霉菌

从插图中我们可以看到，这种浮霉菌的细胞内膜结构与细胞膜紧密相连。

    总之，细胞核的起源至今仍然是一个众说纷纭的话题，每一种模型都只能够解释部分现象。构成生物的基石究竟从何而来、为何而来，依然等待着科学家的探索。

小结

    作为细胞的核心，针对细胞核的研究组成了"细胞拼图"里核心而重要一块。在这段旅程里，我们见识了单个基因的突变能够导致个体产生严重的疾病，我们也见证了酵母细胞作为一种经典的"模式生物"，在遗传学的筛选中发挥了极其重要的作用。在接下来的章节里，我们会不断邂逅酵母等模式生物在生命科学发现里的神奇贡献。

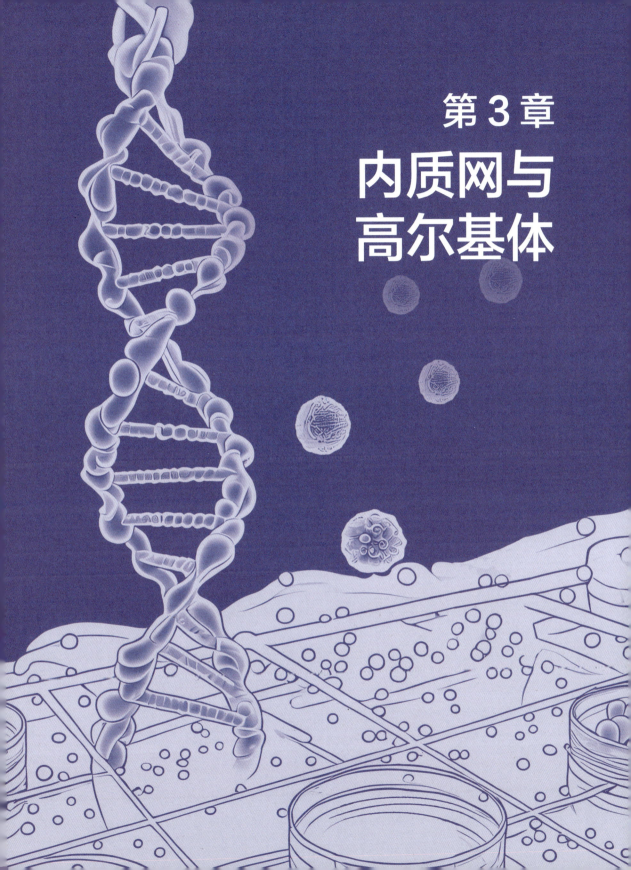

第 3 章

内质网与
高尔基体

细胞向细胞外释放蛋白质等因子是一个普遍而关键的生物学现象，这一现象叫细胞分泌。我们熟知的分泌蛋白质包括胰岛素——调控机体血糖水平的"利器"，以及抗体——实现体液免疫的"重拳"。蛋白质得以合成和分泌离不开"细胞拼图"里的一组"协同合作"的细胞器，我们称之为"内膜系统"，而内膜系统的前两块拼图就是内质网和高尔基体。

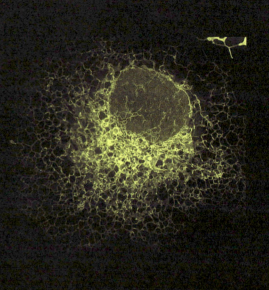

　　在内膜系统里，内质网是第一站，高尔基体是第二站。但从细胞器的发现历程来说，这两块"拼图"不分先后，是几乎同时被科学家观察到的，它们在光学显微镜下呈现带状或者线状形态，借助电子显微术的发展，这两个细胞器最终得到确认和准确的命名。

内质网

　　现在我们已经知道，内质网、高尔基体，以及附着在内质网上的核糖体有着紧密关联的合作关系。新生的蛋白质在核糖体合成，在内质网被加工，然后被运输到高尔基体进一步加工、继而被分泌到细胞外。新生的蛋白质究竟是如何知道自己该去哪里？细胞又是如何知道这个蛋白质分子是否可以通过"质检"？这些问题吸引了一代又一代科学家。

高尔基体

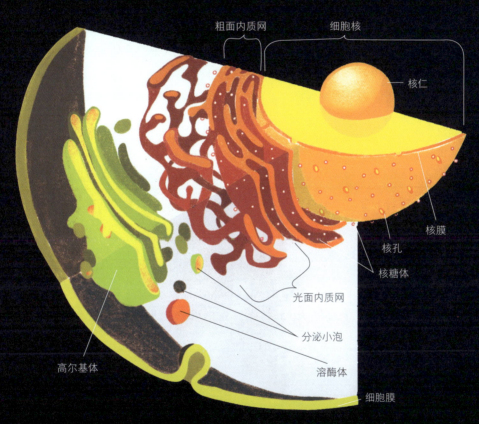

粗面内质网　　细胞核

核仁

核膜

核孔

核糖体

光面内质网

分泌小泡

溶酶体

高尔基体

细胞膜

高尔基体模式图

3.1　高尔基的新染色法

谈高尔基体，就必须要谈发现高尔基体的卡米洛·高尔基（Camillo Golgi）。1843年7月7日，高尔基出生于意大利布雷西亚省的一个小山村中。在家中的四个孩子里，他排行第三。他的父亲是一名医生，为了让孩子们能够接受更好的教育，1860年开始来到帕维亚地区工作。

在那个时候，帕维亚是一座传统而充满学术气息的小城，面积不大，徒步便可轻松走遍。坐落在这里的帕维亚大学历史非常悠久，办学历史甚至可以上溯到公元825年，在当时不仅支撑起了帕维亚的精神内核，也是享誉学术界的璀璨明珠。这里群星闪耀，有发明了万向接头的吉罗拉莫·卡尔达诺（Gerolamo Cardano）、现代生理学的奠基者之一拉扎罗·斯帕兰札尼（Lazzaro Spallanzani）、发明了电池的康特·亚历山德罗·朱塞佩·安东尼奥·安纳塔西欧·伏打（Count Alessandro Giuseppe Antonio Anastasio Volta）等。高尔基便在这所声名远扬的大学完成了本科阶段的医学学习。

卡米洛·高尔基的学位证书

高尔基一开始并无意从事艰深的科学研究。作为医生的孩子，他也只是希望在读完大学以后能够像他父亲那样当一名勤勤恳恳的医生。毕业以后，高尔基保持了哪里需要便去哪里的工作模式，甚至还参与了帕维亚周围村庄霍乱的治理。

不过，在西萨尔·龙勃罗梭（Cesare Lombroso）的影响下，年轻的高尔基渐渐开始对科研产生了兴趣。1868年前后，高尔基来到龙勃罗梭那里，重新开始科研，为自己的博士学位做准备。

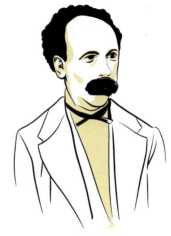

1875 年的高尔基

彼时，龙勃罗梭正在钻研精神疾病的新理论，一众年轻的科学家开始运用解剖学、人类学数据探索神经精神病学的基础。高尔基也是其中的一员，在龙勃罗梭的指引下，他对脑产生了浓厚的兴趣，开始使用实验的方法探索精神疾病的病理学根源。不过，限于当时的技术水平，龙勃罗梭采用的实验方法十分简陋，反复实验却不一定能得到稳定的结果。

幸运的是，高尔基之后结识了另一位年轻有为的科学家朱利奥·比佐泽罗（Giulio Bizzozero）。如果说，龙勃罗梭将高尔基引向神经科学的道路，那么比佐泽罗则给予了他组织学的研究方法。很快，高尔基进入了研究成果的旺盛产出阶段。1873年，他写信给朋友说："我重新获得了之前几个月流失的力量。我抱着显微镜，一看就是好几个小时。我开心地发现了一种新的反应……用重铬酸钾硬化大脑切片，然后与硝酸银发生反应。我看到了惊人的结果！"

这是最早有记录的"暗色反应"。借助暗色反应，高尔基得到了神经细胞繁复结构的清晰影像。更神奇的是，在这种染色技术下，重铬酸银只会随机将几个细胞染成暗色（通常比例只有 1%~5%），其他细胞完全不会受到影响。这样，复杂神经网络将会隐入背景，只有某些细胞能够凸显出来，便于观察。实际上，这种现象产生的原因至今仍然不得而知，但这种方法仍继续被现代科学家使用。

3.2 是假象还是真实

有了暗色反应，高尔基对细胞结构的观察就有了远超当时普遍水平的精度。通过调整暗色反应的时间，高尔基发现，在细胞内部存在一些纵横交错的网络状物质。

当时，高尔基将这些奇异的细胞内容物称作"内部网状结构"。据高尔基自述，其实 1897 年他就已经观察到这些结构。但出于谨慎考虑，直到他的学生能够稳定地重复他的实验、观察到类似的结构以后，他才肯定自己的确观察到了一种新的结构。1898 年 4 月，高尔基报告称："细胞体内存在一种纤细、优雅的网状物"，"线状物会分裂、会形成网格……构成薄薄的小片或者小的圆盘状，中心通常是透明的，像是网状物的结点"。

高尔基观察到高尔基体的时间和生物膜结构模型探索的开启非常接近，但是比前面提到的细胞核的观察还是晚了一些。值得 提的是，细胞拼图的早期探索都集中于不同染色方法的开发，研究人员希冀于染色的反差来发现一些致病的"细胞"或者是

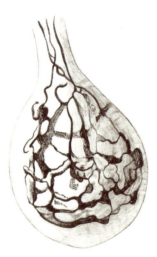

1898 年高尔基绘出的第一幅显示高尔基体的图稿（所用的细胞为小脑浦肯野细胞）

脊柱神经节细胞中的类似结构

用帕维亚大学高尔基实验室中制备的原始样本拍摄的显微图片

细胞内部的特殊结构，高尔基的成功就是这类尝试的印证。

很快，高尔基的几位学生也纷纷在神经细胞以外的体细胞内观察到了"内部网状结构"，这愈发肯定了高尔基的新发现。他甚至十分谨慎地提出了一个极具超前意识的假设，认为这种结构有可能参与细胞的分泌功能，和细胞营养有关。

新结构的发现对细胞学界无疑是一场震动。1913 年，这种"内部网状结构"被正式命名为高尔基体。不过，在之后的几十年时间里，人们依然无法确定这种结构是否真的存在——究竟是实验产生的假象，还是确凿无疑的结构？

我们在前面已经提到，生物学的进展往往和实验技术的进步密不可分。高尔基体同样不例外。关于高尔基体是否真实存在的争论一直持续到二十世纪五十年代。直到那时，电子显微术的发明才让人们亲眼见到了高尔基体的存在。

随着高尔基体的确认，高尔基也成了被引用最多的作者之一。可惜的是，借助显微镜发现了高尔基体的高尔基，在后来的研究中过于注重细胞结构的观察，而疏于功能层面的推断和猜想，渐渐淡出了学术界的前列。

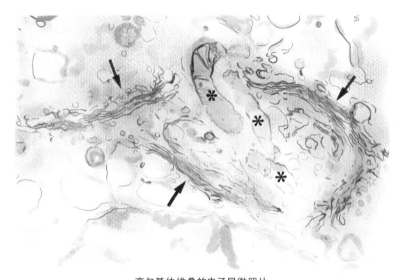

高尔基体堆叠的电子显微照片

箭头所指为高尔基体，通常位于细胞核附近；＊所标记为线粒体。

3.3 "酿造质"的提出

就在高尔基专注于"内部网状结构"的同时，另一些科学家则发现了细胞内部另一种此前从未被观察到的结构。

当时是 1897 年，法国科学家加内尔（Garneir）等人使用碱性染料对细胞进行染色，发现胞浆中存在一片对碱性染料有着特殊亲和力的区域。在光学显微镜下，这片区域常常会有变化，但总是由线状物构成。

不仅如此，加内尔通过对不同阶段细胞的仔细观察，对这些结构进行了功能上的推断。他指出，线状物的形态和细胞的活跃状态密切相关，当细胞分泌酶原颗粒时，这些线状物的密度尤其高。同时，线状物的位置常常和细胞核密切相关，会围着细胞核外侧形成一圈包围带。随着细胞核形态的变化，这圈包围带的形态也会发生变化。

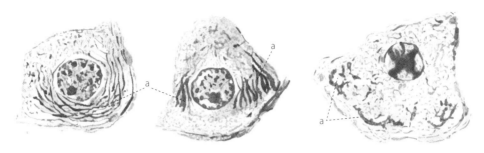

加内尔绘制的示意图之一（a 所指的线状物即为他发现的碱性染色结构）

基于这样的动态特征，加内尔将线状物命名为酿造质，并且，他还进一步推测酿造质的功能应当和分泌作用密切相关。

现在我们回过头来看加内尔的推断，不得不说在当时粗陋的实验条件下，他能够做出这样的判断简直太令人惊奇了。毫无疑问，酿造质是加内尔的伟大发现。不过，在加内尔发现酿造质之前，已经有数位科学家观察到类似的结构，只是他们不能确定这是一种独立的细胞结构，也没有对其进行准确的命名。

其实，比照前两节高尔基体在光学显微镜下的形态，大家也许已经陷入迷茫——那时候的科学家到底是如何区分这些看起来很相似的线状物的？答案很简单：其实绝大部分科学家并没能区分开来。并且，由于酿造质的位置靠近细胞核，在加内尔提出酿造质前的十几年内，科学家将其称为"副核"。但副核在当时指代的东西实在是太多了，线粒体、高尔基体、核旁体，甚至卵细胞中的卵黄体都被笼统地冠以副核之名，这造成了极大的混淆。

例如，埃贝特（Eberth）和穆勒（Muller）在1892年就曾关注到这种经过碱性染料染色的线状物，但当时他们将这些物质统归为副核。他们给饥饿组和饱食组的动物都注射了匹鲁卡品，并对其胰腺分别进行观察，看到细胞核旁的结构会分成两大类：一类是匀质的，另一类则由一圈圈的细密的线条构成，好像卷起的千层饼。科学家当然注意到了这一现象，但他们随后总结认为，既然在分泌状态的胰腺和未分泌状态的胰腺都能够观察到这两种结构，那么这样的副核和分泌现象就没什么关系。也有科学家虽然关注到分泌细胞会时不时表现出条纹状的结构，但又觉得这种结构仿佛没什么讨论的必要，认为这大约只是副核的某种产物。

可以说，在加内尔提出酿造质以前，学术界就经常会描述这种经过碱性染料染色的线状结构，有时候这种线状结构还能够形成微粒状的物体。至于这种结构的地位、功能，则众说纷纭。

在这样的情况下，加内尔的发现才显得尤为关键。即便如此，人们真正相信这种细胞器的存在、真正将它和众多"副核"区分开来，也是在电子显微术突飞猛进以后的事情了。

3.4　从酿造质到内质网

在加内尔细致地描述酿造质以后，学术界并没有对此表现出持续的热情。当时的科学家忙于研究线粒体，而且那时的技术条件也的确决定了人们不太可能会有突飞猛进的发现。

1940 年，里斯（Ries）开始使用偏振显微成像技术观察酿造质。这大约是新技术时代最早的一次尝试。之后，陆陆续续有科学家开始重新关注酿造质。不过，在 1954 年以前，人们不太相信电子显微术的成像。那时候，没有切片机，也没有良好的包埋材质，科学家需要将观察对象涂到支持物表面，在这个过程中，细胞胞浆中的颗粒物会显得更加明显，其他结构则会变形。更要命的是，由于细胞有一定的厚度，即使体外培养的细胞可以很好地铺展开，电子信号在第三个轴方向上的堆叠也不可避免，这使得即使用电子显微镜观察细胞，其内部构造也处于一种模糊不清的状态。不论如何，在 1945—1947 年，基思·罗伯茨·波特（Keith Roberts Porter）和克劳德（Claude）等人的确用最原始的电子显微镜在完整的细胞中观察到一种层叠的带状结构，由于上面提到的问题，这一结构看上去还是模糊不清。根据其隐约的网格状特征，波特给它起名为内质网——那时候，他们还不确定这个结构到底和酿造质有着什么样的关联。

多年后，克劳德回忆起这段时间的显微技术，感叹道："生物学家和宇航员、天体物理学家差不多，我们能看到研究对象，但不能摸到它们。细胞离我们太遥远，简直像恒星和星系那样。最要命的是，当时我们能够使用的装备，已经达到了理论上分辨率的极值。"

即便如此，克劳德还是开发出了能够在有限条件下获得尽可能准确认知的方法。他沉降完整的细胞，对不同大小的颗粒物进行分层，不破坏它们的生物膜。这原本是为了分离得到劳氏肉瘤病毒，但他歪打正着地开发了这一整套能够提取肝脏匀浆中亚细胞组分的方法。克劳德和另一位叫作基恩·波特（Keith Porter）的发育生物学家，以及其他几位同事一起，对提纯得到的大小不一的颗粒物、余下的溶液进行了反复的观察和研究。对细胞的化学组分进行定量研究，是当时的研究热点。

利用密度梯度离心，他们发现，细胞匀浆能够分离得到一些粗大的颗粒组分，主要由线粒体和溶酶体组成；一些较细小的富含RNA的颗粒组分，克劳德称其为"微粒体"；还有可溶性的组分。现在回头看，克劳德和波特实际上分别观察到了内质网的两大组分——网和附在网上的颗粒物。

不过，科学发现真正得到验证仍然要等待更优良的技术出现。或者说，技术本身便是为了解决当下生物学研究中的难题。

借助突飞猛进的电镜技术，科学家重新发现了"酿造质"。实际上，波特所命名的内质网也就是加内尔提出的酿造质。而附着在内质网上的颗粒物，则有待克劳德的学生发现更多。

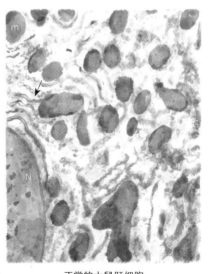

正常的大鼠肝细胞

箭头所指是内质网的"网"，附着在网上的"颗粒物"清晰可见。

3.5 帕拉德的新技术

现在，接力棒来到了克劳德的学生乔治·埃米尔·帕拉德（George Emil Palade）这里。

1912 年，帕拉德出生在罗马尼亚的一个高知家庭，他的父母都是教师。因为幼年耳濡目染，帕拉德对哲学、逻辑推演一直有着极大的兴趣。18 岁那年，他来到布加勒斯特医学院，在 28 岁时获得了博士学位。当时，他的研究课题是"海豚肾单元的微观解剖学"。

这段时间，欧洲已经处于十分紧张的状态，动荡不安的社会和政治局势，预示着第二次世界大战的到来。多年以后，帕拉德回忆起这段岁月，谈道："整个欧洲都被各种各样的思潮裹挟。这种不安定感对我的研究生活有着巨大的影响。"之后，年轻的帕拉德进入军队提供医疗援助，第二次世界大战结束以后，帕拉德才得以回到学术界。

1946 年，帕拉德来到美国纽约大学从事博士后研究。十分凑巧，克劳德举办了一次讲座，介绍新兴的电子显微术。这一下子吸引到帕拉德，有着这样的新技术，组织的细胞结构、亚细胞结构不就可以被看得清清楚楚了吗？同年秋天，帕拉德就来到洛克菲勒医学研究所，加入了克劳德的研究团队。

上一节介绍过，在帕拉德到来以前，克劳德已经能够分离三种不同的细胞质组分。帕拉德对这一方法进行了改良，他使用蔗糖进行细胞分层，不再使用盐水。在蔗糖溶液中，颗粒物的形态保存得更加完好，不会发生肿胀破裂的情况。这样，帕拉德分离得到了更多的颗粒物。

接着，帕拉德又对电子显微术进行了改良。当时已经有了薄层切片机，但使用的固定剂常常会造成假象，令众学者为了眼睛所见是否真实而争吵不休。帕拉德改用四氧化锇进行固定，得到了清晰、对比明确的图像。1974 年，在诺贝尔颁奖典礼之后，帕拉德被称誉为"电子显微术的革新者"。有了更好的技术，帕拉德便能自如地探索新分离得到的颗粒物。

很快，帕拉德有了里程碑式的新发现。当时，他和菲利普·西克维茨（Philip Siekevitz）首先证明，克劳德分离得到的"微粒体"包含内质网片段。并且，微粒体的膜含有核糖核蛋白颗粒——这就是后来大家所熟知的核糖体。

接着，帕拉德选择胰腺腺泡细胞作为研究对象，这是一种特化的、能够分泌消化酶的细胞，用来研

乔治·埃米尔·帕拉德

究蛋白质合成真是太好不过了。帕拉德利用他和同事们改良的放射自显影技术，他追踪到蛋白质会从粗面内质网的核糖体迁移到高尔基体，最后来到细胞膜，被分泌出细胞。

帕拉德的这项研究，是生物界第一次了解到高尔基体在蛋白质转运中发挥的作用。不仅如此，他还证明，蛋白质是放在囊泡中，从一个腔体转移到另一个腔体，不会同细胞自己的胞浆接触。并且，他们还进一步证实，这样的细胞转运在所有类型的细胞中都存在。

可以说，帕拉德的这一系列研究，为人类大大拓展了现代细胞生物学的视野。他博采众长的技术手段、精妙的研究对象选择，都有着长久不衰的经典意义。帕拉德也因此获得了1974年的诺贝尔生理学或医学奖。

帕拉德并非严苛的老学究，他兴趣广泛，对文化艺术有着自己的理解和喜好。在插图中，坐着的便是帕拉德，他和他的团队正在聆听一场日本古筝音乐会。据他的学生回忆，当天夜里，他还就中世纪和文艺复兴时期的文化发表了一番见解。

帕拉德听音乐会

3.6 高尔基体是不均匀的

　　科学家能够用电子显微镜观察到细胞中诸多带状、囊状、颗粒状的结构，仍然远远不够。随着组织化学的进展，细胞器的一些精细结构渐渐被揭开。比如，人们开始发现，高尔基体并非均匀的细胞器。

　　这里，关键人物之一便是诺维科夫（Novikoff）。诺维科夫出生在俄国的一个犹太家庭。当时，迫于贫困，他在很小的时候便跟随父母搬到了美国生活。尽管他的父母不是高级知识分子，但诺维科夫天资聪颖、十分早熟，他在很小的时候就连跳四级，十四岁便从高中毕业，十八岁时更是从哥伦比亚大学毕业，获得了学士学位。当时，诺维科夫家庭经济紧张，但他的家人仍然鼓励他勇敢地去学习医学。可惜，在当时的环境下，诺维科夫并没有机会前往医学院学习，于是诺维科夫转而学习动物学。为了挣到学费，诺维科夫还在布鲁克林学院担任兼职指导教师，也正是这个契机，让他开始从实验胚胎学转向细胞生物学。动手能力极强的诺维科夫发明了分离细胞组分的方法，又进一步改良了组织化学的方法，发现了多种从前无法被明确观察到的细胞器，我们会在后面的溶酶体部分再一次遇见诺维科夫。

现在，我们只需要知道，诺维科夫采用铅法定位了细胞中的酸性磷酸酶。采用某种合适的有机物作为底物，在酸性条件（pH值小于7）下，酸性磷酸酶能够分解底物释放磷酸盐，与铅离子结合，形成沉淀。这样，再辅以电镜技术，人们便能够看到酸性磷酸酶在细胞中的分布。于是，诺维科夫发现，酸性磷酸酶在高尔基体中的分布并不均匀。插图中深色颗粒物即为铅离子标记的酸性磷酸酶，它们集中分布在高尔基体的一侧，而非均匀分布在高尔基体所在的整个区域。

不过，即便已经能够亲眼看见酸性磷酸酶的不均匀分布，科学家仍然不知道这究竟有什么样的意义。

诺维科夫于是进一步提出了 GERL（高尔基体－内质网－溶酶体）的猜想。如插图所示，深色块状物是溶酶体，T 是管状结构，C 是膜囊。按照诺维科夫的推断，内质网的特定区域能够合成溶酶体酶，其中就包括有酸性磷酸酶，接着酶通过 GERL 结

酸性磷酸酶在高尔基体中的分布

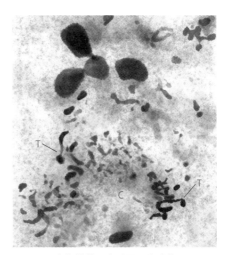

高尔基体－内质网－溶酶体

构被运输到溶酶体。通过这样的猜想，诺维科夫将高尔基体、溶酶体、内质网的功能联结起来，引发了科学界持续十余年的热烈讨论，将众多科学家的目光引向内膜系统的功能研究。

3.7　从cis到trans

　　既然高尔基体是不均匀的，并且内质网会将新合成的蛋白质送到高尔基体，那么，是否有可能借助电子显微镜实时观察蛋白的修饰呢？放射自显影术成了重要的工具，而真正的突破性进展则来自查尔斯·菲利普·勒布朗（Charles Philippe Leblond）的研究。

　　勒布朗于 1910 年出生在法国，1934 年在巴黎大学获得了医学博士学位。在安托万·兰卡西（Antoine Lacassagne）的指导下，勒布朗开始着手运用放射性同位素标记跟踪细胞层面的生化过程。他们发现，将同位素碘 −128 注射入大鼠，很快便可以在甲状腺中检测到这种同位素的蓄积。不过，当时的技术仍然太过粗糙，选择的同位素半衰期也太短，没办法产生足够的放射性，也就难以追踪碘参与生化反应的过程。在将近 20 年的时间里，勒布朗想了很多办法改良放射自显影术，比如，换用半衰期较为合适的同位素、将玻片直接泡进乳剂中……经过不懈的努力，放射自显影术的分辨率提高了近百倍，很快成了细胞生物学最重要的技术之一。

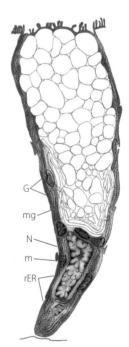

杯状细胞的纵切面图

　　此外，第一个意义卓著的成果也是在勒布朗实验室诞生的。这一次，他使用大鼠结肠杯状细胞作为研究对象。当时，大家已经知道大鼠的结肠能够利用葡萄糖，合成黏液糖蛋白。勒布朗便将 ³H 标记的葡萄糖注射入大鼠，随后在注射后 5 分钟、20 分钟、40 分钟、1 小时、1.5 小时、4 小时，分别固定结肠，运用放射自显影术跟踪 ³H- 葡萄糖的去向。

从杯状细胞的纵切面图可以看到，内质网位于细胞底部，细胞上部为大量黏蛋白原颗粒，高尔基体呈 U 形，位于颗粒物下面，细胞核上面。

杯状细胞结构十分简明、清晰，具有特征性。因此，将不同时间节点获得的免疫自显影图像比对，便能够获知糖蛋白的动向。

注射后 5 分钟（图⑤⑦）、20 分钟（图⑧）、1.5 小时（图⑨）、4 小时（图⑩）得到了免疫自显影图像。可以看到，随着时间的推移，³H 标记首先出现在高尔基复合体的位置，然后移动到临近高尔基体的位置，逐步向上推移，到 4 小时的时候，³H 标记全部出现在黏蛋白原位置，已经离开高尔基体对应的区域。

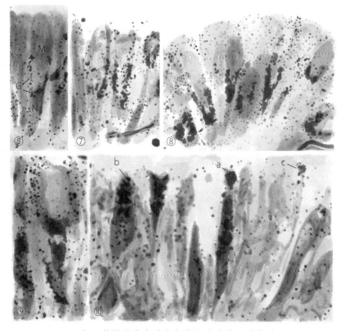

³H 标记的糖蛋白在大鼠杯状细胞上的运动轨迹

而从横切面观察，勒布朗发现，^3H 标记总是从高尔基体层层膜囊的顺面（cis 面）移动到反面（trans 面），也就是从对着内质网的形成面移动到对着细胞膜的成熟面，并且，主要的迁移发生在 40 分钟以前。每一个高尔基体大概会形成 7~12 个小囊，勒布朗推测，随着小囊逐步转化为黏蛋白原颗粒，会有新的膜囊形成，补充损失的高尔基体。

当然，同时期也有另外一些科学家用其他的植物、动物细胞得到了类似的观察结果。他们认为，装载着蛋白质的囊泡不断形成，高尔基体的膜囊不断合成，几十分钟就会更新一轮。

3.8　从物理到生物

帕拉德接过了克劳德的接力棒，詹姆斯·罗斯曼（James Rothman）又接过了帕拉德的接力棒。

同帕拉德相仿，出生于美国马萨诸塞州的罗斯曼有着良好的家庭背景，他的父母都是高级知识分子，在科学、医学方面颇有建树。从小，罗斯曼便受到父母鼓励去勇敢实现任何想做的事情，并且不用为经济条件操心。于是，在宽松的家庭氛围下，罗斯曼在幼年时期就立志要当一名科学家，不过，那时候他想的是当一名物理学家。

罗斯曼与其父母

罗斯曼回忆说，他的母亲有着极为坚韧的品格，可惜当时妇女很少能够有机会参与社会工作。作为一名家庭主妇，她不仅支撑起整个家庭，还教会罗斯曼如何组织、管理各种事务。他的父亲在年轻时曾梦想进行医学研究，可惜赶上大萧条时代，最后当了一名儿科医生。在父亲的带领下，罗斯曼很小便能够进行血样分析这样基本的医学操作。

当时的美国正处于科学技术快速发展的阶段。骨髓灰质炎疫苗赶走了致命的疾病，原子能迅速进入人们的视野，晶体管、计算机纷纷出现，人类也第一次踏上了月球。在这样的大环境下，罗斯曼对电子设备、火箭产生了浓厚的兴趣。七年级的时候，罗斯曼就已经能够利用三角函数计算火箭高度，并和小伙伴一起制造火箭模型。1967年进入耶鲁大学的时候，罗斯曼毫不犹豫地选择了理论物理专业。

当年，极具才华又锋芒毕露的耶鲁学生群体中有着一条鄙视链——大家普遍认为，做理论物理的人最聪明，做不成理论物理的人便做实验物理（即使理论需要实验的验证）。做化学研究的人就不太行了，但还算过得去，至于生物，那简直是最不聪明的人才做的研究。罗斯曼也曾经对这条鄙视链深信不疑。不过，理论物理专业的人在当时实在太难找工作，罗斯曼抱着试一试的心态听了普通生物学的课程，立刻被前沿研究吸引了过去，传说中的鄙视链就此烟消云散。随后，他进入哈佛医学院学习生物学，并获得博士学位。之后，他又在麻省理工学院、斯坦福大学、普林斯顿大学等进行科学研究。

当时，帕拉德荣获诺贝尔奖的研究方兴未艾。熟习物理学的罗斯曼认为，囊泡所引导的转运从物理学的角度来看很好理解，就好像小朋友吹的泡泡，泡泡和泡泡贴到一起变成一个大泡泡简直理所应当。为此，罗斯曼设计实验，证明在不存在完整细胞结构的情况下，囊泡同样能够实现融合。那么，到底是什么机制推动了囊泡能够将不同的蛋白质运送到准确的地点呢？罗斯曼和他的同事、学生又进一步发现，在细胞膜上直接或者间接地结合着某种保守蛋白质SNARE，它能够组装成复合物，引导囊泡与细胞内膜互相识别，从而推动膜融合。这些发现从分子水平上解释了细胞内的"物流"是如何实现的，也就是分泌蛋白质如何在内质网上被合成后，一站一站被运出细胞的。

多年的理论物理训练造就了罗斯曼极具特色的思维模式。他认为，提出清晰的假设是生物学研究中最重要的一点。不论问题看起来多么复杂，都应当首先将其简化，形成初步的假设，确定主要的变量。在生物学研究中，可以想象你正在构建一个系统，它需要完成你正在研究的功能。这样，一个模型便形成了。当然，模型的细节肯定会出现错误，但是不要紧，依据初步的模型开始检验你的假设吧！这是科研最基本的方法之一。

3.9　总体流动还是选择性运输

罗斯曼解决了囊泡转运的问题，也提出了内质网与高尔基体之间转运的猜想，他和威兰（Wieland）等人认为，蛋白质是以总体流动的方式进行转运的，也就是说，某种蛋白质应当留在内质网还是应当去往高尔基体，对这一点并无法做出区分。囊泡会将所有蛋白质都装上，然后高尔基将它不需要的蛋白质再退回内质网。然而，另外一批科学家则认为，囊泡运输并非毫无选择，从内质网出芽形成囊泡开始，就已经能够分选留在内质网的蛋白质和去往高尔基体的蛋白质了。不同于总体流动，这种模型被称为选择性运输假说。

这两个假说到底哪个更接近现实？二十世纪七八十年代，整个学界花费了十数年的时间进行验证。在早期阶段，更多人相信总体流动模型。随着实验的深入，总体流动模型渐渐无法与实验结果吻合。

一个典型的检验方法是由威廉·鲍尔奇提出的。如果囊泡的运输是非选择性的，

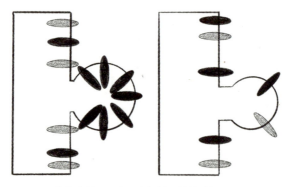

鲍尔奇关于蛋白质选择性运输的猜想

那么内质网出芽所装载的蛋白质将会和插图中右侧图展示的一样，各种蛋白质都会存在，不会出现某种蛋白质浓度升高的情况；反之，如果囊泡的运输有选择性，那么某种蛋白质的浓度会显著升高，不同蛋白质的比例会发生改变。

于是，鲍尔奇和他的同事首先选择了一种较为成熟的蛋白质——水疱性口炎病毒G蛋白，这种蛋白质的结构和转运特征已经被研究得非常细致，也有多种单克隆、多克隆抗体能够使用。随后，鲍尔奇等人运用抗体结合从内质网到高尔基体沿途不同位置的G蛋白，再使用电子显微镜观察G蛋白的密度，发现运输囊泡中G蛋白的密度增加了至少5~10倍。

尽管鲍尔奇等人的实验结果也遇到了一些争议，但经过科学家反复的验证、多次补充实验，充分证明了鲍尔奇等人这一实验结果稳定可靠。从此，蛋白质的选择性运输假说渐渐占据上风，而总体流动假说则退出了大家的视野。

3.10　蛋白质穿越高尔基体

我们已经知道高尔基体是一堆扁平的囊，并且这些囊并不均一，也知道新合成的蛋白质会从内质网运输到高尔基体，然后去到各自的目的地。那么，蛋白质究竟是如何穿越高尔基体的呢？

和研究蛋白质的转运一样，科学家提出了多种猜想。其中，有两个模型尤为流行。一个是囊泡转运模型。这种模型下，高尔基体就好像一间间彼此相通的房间，每个房间都有特定的蛋白质修饰酶，能够为囊泡运来的蛋白质添加或者去掉糖、加上硫酸基团，或者进行各种各样的修饰。蛋白质抵达相应房间，发生修饰后，便会被装入新的囊泡去往下一个房间。这种模型下，高尔基体的每一层膜囊都是稳定的。

在比较长的一段时间内，尤其是参照前文所说勒布朗、罗斯曼等人的实验成果，学界都普遍认定这种模型是较为合理的。不过，如果高尔基体的囊膜都是稳定的，那么很快会产生一个问题——某些体积非常大的分子是如何穿过高尔基体的？

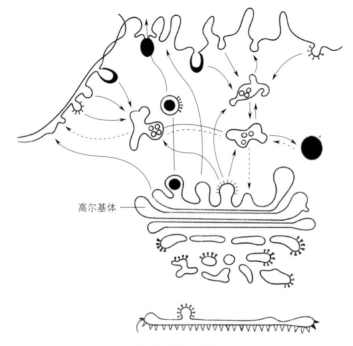

高尔基体

囊泡运输的主要途径

　　于是，在囊泡转运模型流行的同时，尚有另外一种模型，被称为膜囊成熟模型。这种模型认为，高尔基体的膜囊是一种不断演化的结构体。这些结构能够自行从高尔基体的顺面向反面推进，随着时间发生变化。蛋白质就装载在这些不断成熟的膜囊结构上，也就是说，膜囊的酶会发生变化，而装载的蛋白质不变。实际上，要论产生时间，膜囊成熟模型比囊泡转运模型出现的时间更早，但是罗斯曼等人的实验一度令囊泡转运模型更为流行，只是后来随着更新的实验技术与结果出现，膜囊成熟模型重新占据了上风。

　　其中，里程碑式的研究成果之一，便是中野（Nakano）小组运用活细胞成像直接观察到的高尔基体膜囊的变化。他们选择了酵母细胞作为研究对象，酵母细胞的特殊点在于，它的高尔基体不会堆叠成为我们通常看到的样子，而是各个膜囊较为分散地铺在细胞中，从而使用光学显微镜、辅以荧光蛋白技术便能够清晰地观察到单个膜囊的变化，这对于高尔基体的研究来说真是太方便了。

中野使用了一种颜色的荧光标记早期高尔基体居留蛋白，另一种颜色的荧光标记后期高尔基体居留蛋白。如果高尔基体符合囊泡运输模型，那么两种荧光将彼此独立存在，始终位于各自的位置，但如果高尔基体符合膜囊成熟模型，那么两种荧光将随着时间的推移发生转换。

插图中红色荧光标记顺面高尔基体蛋白，蓝色荧光标记反面高尔基体蛋白，绿色荧光则标记运输小泡蛋白。从插图中我们可以看到，膜囊是从顺面渐渐向反面变化的，两种荧光在这个过程中此消彼长，而运输小泡也随之改变位置，从顺面迁移到反面。

现在，大家普遍认为，膜囊成熟模型更符合实验观察到的情况。不过，我们仍然不能够完全肯定地说，膜囊成熟模型能够解释所有的问题。实际上，是否所有蛋白质转运都采用相同的模式？甚至，高尔基体是否必须要堆叠规整才能够发挥功能，仍然有待更加深入的研究。

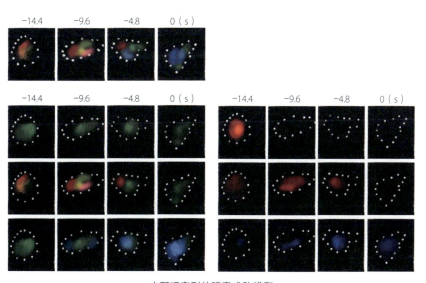

中野观察到的膜囊成熟模型

3.11 甘特的神奇直觉

现在，我们将目光投向帕拉德的另一位后继者甘特·布洛贝尔（Günter Blobel）。

甘特要比罗斯曼大一些，甘特于1936年出生在西里西亚（当时归属德国）偏远而安静的乡下，度过了田园牧歌一般的童年。这个地方远离欧洲的繁华地带，也由此躲过了疯狂的岁月。一个又一个漫长的下午，年幼的甘特可以躺在宅子里发呆，可以滑雪，也可以坐着马车四处游荡。可惜，在二战的尾声，这样的宁静生活还是被打碎了。甘特一家不得不逃离西里西亚，来到德累斯顿附近的一座小镇。这座小镇有着丰富的文化遗产，一下子令甘特沉迷其中。可惜的是，东德政府判定甘特一家为中产阶级，甘特将不具备接受高等教育的权利。甘特被迫来到了西德学习医学。在获得临床医学博士以后，甘特却决定要从事科学研究，而不是做一名医生。

于是，甘特来到威斯康星大学攻读肿瘤学博士学位。就在这个时候，他对细胞结构和功能产生了兴趣——细胞到底是如何将蛋白质分门别类送到粗面内质网的？帕拉德的实验室吸引了甘特，他来到洛克菲勒大学从事博士后研究，这段经历对甘特至关重要，帕拉德的实验室群星璀璨，几代著名的细胞生物学家都从这里走出，细胞生物学的几大突破也从这里起步。甘特十分尊敬这位"大佬"级的人物，帕拉德的实验方法和概念也成了甘特日后事业的"点金石"。

在这里，甘特开始致力于研究编码分泌蛋白质的mRNA是如何在粗面内质网上得到筛选并合成的。这时候，甘特表现出惊人的直觉。1971年，在他们尚未掌握足够多证据的时候，甘特就和同事戴维·萨巴蒂尼（David Sabatini）提出了一个假说——分泌蛋白质的N端存在一条信号肽，能够被粗面内质网膜上的受体识别，于是，正在合成的新生肽能够被指引进入内质网内腔，最后被分泌到细胞外。

甘特在回忆起这项创举的时候，笑称当时真是十分大胆，毕竟没有什么证据表明那里真的会有什么信号肽。不过，甘特说，这也是当时大家能想到的最靠谱的假说了。

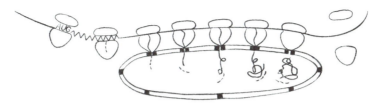

原始的"信号肽"假说

在之后的二十年间，甘特和他的同事用一个又一个实验证实了"信号肽"假说的合理性。现在我们知道，胞浆中存在一种信号识别颗粒（signal recognition particle，SRP），它能够立刻识别新生的分泌蛋白质多肽链中的信号肽。与新生信号肽结合的 SRP 将识别内质网膜上的 SRP 受体，介导核糖体附着于转运体。随后，SRP 解离，新生肽链的合成继续进行。合成的肽链将在核糖体和转运体的帮助下穿过内质网膜、进入网腔。最后，信号肽序列会被切除，新生肽链完成合成。

甘特·布洛贝尔

甘特将这一现象进行了推广，证明定位到线粒体、叶绿体等不同细胞器的蛋白质都运用这一现象完成，"信号肽"假说成了蛋白质定向至特定细胞器的普遍原理。甘特也因为这条假说，获得了 1999 年的诺贝尔生理学或医学奖。这些发现巧妙地回答了本章开头提到的灵魂拷问——新生的蛋白质究竟是如何知道自己该去哪里？关键答案就是这里说的"信号肽"体系。

甘特继承了帕拉德的衣钵，不仅同样成为现代细胞生物学的重要推动者，也保持了充满活力与奇思妙想的实验室氛围。在他周围，聚集着一大批年轻的学者。所有的假设都会得到鼓励，哪怕最后被"骨感"的现实击败。不仅仅是科研，甘特对生活也充满热情。顺着中央公园遛狗、在校园里欣赏植物、在餐厅度过快乐的夜晚，甘特总是能够得到简单的快乐。并且，因为年幼时候的经历，甘特将诺贝尔奖所得的奖金捐出，重建了毁于战火的德累斯顿的圣母大教堂。

3.12 调控分泌通路的SEC基因

尽管我们已经知道，内质网能够合成蛋白质，然后将蛋白质有选择地运到高尔基体，蛋白质穿过高尔基体发生必要的修饰，去往各处。但调节蛋白质分泌的通路究竟受到哪些基因的控制，仍然是未解之谜。

二十世纪八十年代，这个谜团被揭开了一角，其中的关键人物便是兰迪·谢克曼（Randy Schekman）。同很多杰出的科学家一样，谢克曼在很小的时候就表现出浓烈的探究欲。那时候，他十分好奇于生活在水中的微小生物，恰好他得到了一

兰迪·谢克曼

架玩具显微镜，他便茶饭不思地抱着显微镜观察水中游动的微生物。谢克曼的爸爸看到以后却不以为意地说："这不过是个玩具机。"谢克曼的好强心一下子被勾了起来，决定打工挣钱购买一台真正的显微镜。钱是攒起来了，可是他的爸爸妈妈又总是找他"借钱"，他怎么都攒不够买显微镜的钱。一气之下，谢克曼骑车跑到警察局，声称自己打算离家出走，理由就是"爸爸妈妈不让我买显微镜"。谢克曼的爸爸来到警察局，十分无奈地把谢克曼带了回去，当天下午便给他买了一台真正的二手显微镜。

谢克曼对生物的喜爱一直持续了下来。选择专业的时候，他毫不犹豫地选择了医学预科，因为这个专业看起来和生物学最像。不过，在真正进入大学以后，谢克曼很快发现，他想象中的课程和他实际学习的课程存在出入。相较于钻研更为实际的医学，他更想钻研基础科学。那时候，他进入了分子生物学家迈克尔·康拉德

（Michael Conrad）的实验室，并在康拉德的指导下阅读了一套《基因的分子生物学》，多年以后，谢克曼回忆起青春时期的自己是如何虔诚地阅读这部著作——"就好像读圣经一样！"

于是，在完成本科学业以后，谢克曼决定不再攻读医学，而是来到斯坦福大学深造。那时候，正是遗传学技术突飞猛进的时候，在二十世纪六十年代末期至七十年代初期，科学家已经能够筛选出条件性、温敏性的突变，能够在细胞周期的特定时间点表现出突变的性状。谢克曼在博士阶段就专攻DNA复制，以生化研究为专长。恰好，细胞膜的流体镶嵌模型也是辛格在那时候提出的，谢克曼被深深吸引，认定这绝对是最有活力、最前沿的领域。于是，谢克曼不假思索地前往辛格那里进行博士后阶段的研究，开始关注儿童和成人红细胞胞吞作用的差异。

就这样，谢克曼渐渐步入了细胞生物学的领域，开始对细胞膜产生浓厚的兴趣。他回忆起幼年趴在显微镜上观察水中微生物游动的日子，觉得是时候转变自己的研究兴趣了。于是，刚刚成为助理教授开始在加州大学组建实验室的谢克曼，阅读了一番帕拉德、克劳德等人的重要文献，便开始着手做细胞膜的研究。那时候的谢克曼颇有初生牛犊不怕虎的闯劲儿，各种思路都想试试。不过，成功不会轻易到来。谢克曼打算以方便操作的酵母菌作为研究对象，撰写了一份粗糙的课题申报书，他很快遭到了拒绝。接着，谢克曼又套用了生物化学的方法，决定饲养一大堆酵母，然后通过某种化学方法抑制酵母的分泌，观察中间过程。同样，这个不靠谱的想法也被现实打败。很快，谢克曼找到了正确的道路——他决定直接从酵母中分离得到突变体。当时的博士生彼得·诺维克（Peter Novick）帮了他很大的忙，他们很快分离得到几十株突变体。接着，他们开始逐一观察突变体的情况。幸运降临了，有一天，当他们通过显微镜观察某一突变体时，发现这种酵母体内充斥着大量的囊泡，看起来是蛋白质转运过程出现了问题。谢克曼当即意识到，这将成为未来二三十年里长久不衰的新领域。就这样，谢克曼发现了第一个分泌突变 Sec 1。之后，谢克曼和诺维克陆续发现了二十多个调控蛋白质分泌途径的突变，这些基因由于和分泌（secretion）相关，都以

"Sec"来排序命名，几乎所有现在读到的关于蛋白质分泌通路的经典分子研究，都是基于谢克曼的成果展开的。而以酵母作为模式生物的遗传筛选范式再次显现了其强大的能量。

3.13 酵母菌的启示

薪火相传，甘特的火炬传递给了另一位同样出生在德国的学者。

彼德·瓦尔特（Peter Walter）1954 年出生于柏林，在宽松自由的家庭氛围中长大。"12 岁那年，我就决定要成为一名科学家，只是那时候还没有发现生物的乐趣。"瓦尔特回忆道。那时候，他的父亲是一名药商，家里有大量化学试剂，瓦尔特经常在家中做一些危险的"实验"——"要是我的孩子要这么搞，我肯定不允许。"瓦尔特这么总结幼年时

彼德·瓦尔特

"实验"的"惊人程度"。不仅如此，瓦尔特中学时代的老师也同样赋予学生们很高的自由度，特别是他的化学老师，允许学生们长时间留在准备室，也鼓励学生们设计实验。更关键的是，这位化学老师总是能将化学知识同生物联系起来，为瓦尔特未来的发展埋下了伏笔。

1973 年，进入大学以后，瓦尔特选择了学习化学。两年半以后，他试图申请奖学金前往美国学习，结果申请失败了。但是，"一根筋"的瓦尔特决定直接前往美国进行交换学习。于是 1976 年，瓦尔特来到了范德堡大学开始学业。在这里，他感受到了强烈的文化冲击。从前在德国，学生们更注重听课、做教学实验，而在美国，学生们可以直接参与到实验室的科研项目中，边摸索、边学习、边创造。热爱自由的瓦尔特一下子被吸引住了，决定要在美国继续深造。

之后，瓦尔特便申请前往洛克菲勒大学读博。谁料，这次的申请又以失败告终。好在事情发生了转机，瓦尔特又忽然落入了等待名单，最终柳暗花明，他成功被录取。开始读博的前三个月，瓦尔特四处和教授们交谈。最后，他选择进入甘特的实验室开始自己的博士课题研究。多年后，瓦尔特自豪地称这是他做过的最明智的决定！甘特的热情鼓舞了瓦尔特，让他觉得自己一定能做出点什么。

在甘特那里，瓦尔特完成了博士阶段的研究，又进行了博士后工作。甘特实验室的重要成果——信号识别颗粒（SRP）就有着瓦尔特的关键贡献。也正是瓦尔特发现，"信号识别蛋白"含有核酸分子 RNA，于是这一复合物被改称作"信号识别颗粒"。

1983 年，瓦尔特离开了甘特的实验室，来到加州大学旧金山分校，开始了自己的独立研究之路。借助酵母菌，瓦尔特对其导师甘特的研究成果进行了拓展。他发现，介导蛋白质跨膜的不仅有 SRP 通路，也有不依赖于 SRP 的通路。SRP 的结构也经由遗传学方法得到了更加清晰的分析，瓦尔特几乎对每一块结构的功能都进行了研究。到了二十世纪九十年代，瓦尔特开始着迷于未折叠蛋白反应——内质网是合成折叠蛋白的重要场所，一旦出现未折叠蛋白的累积，内质网的数量会增加，分子伴侣会被上调，推动木折叠蛋白的折叠修复或降解。那么，信号到底是怎样从内质网反向传递到细胞核的呢？

通过海量的尝试和反反复复的实验，瓦尔特和他的学生们绘制出了酵母体内控制这条信号通路的蛋白质地图，并且确认了调控这一通路的三种基因构成了一个信号网络。令人惊喜的是，瓦尔特发现的这一机制有着极高的保守性，从酵母到人类，几乎都能够适用。现代医学已经揭示，未折叠蛋白反应的失调和多种严重疾病相关。而瓦尔特的发现，似乎为人类攻克阿尔茨海默病、脑损伤等疾病带来了一抹曙光。

关键生物学功能的跨物种保守性为简单而便于实验操作的模式生物（如酵母、线虫、果蝇等）提供了广阔的发展空间。很多最终需要研究"人"的重要科学问题，都是在低等的真核生物，甚至原核生物中找到关键线索。比如发现血液循环的威廉·哈维（William Harvey），其成功不是因为他有机会做了实验（同时期的其他研究人员或医生也有人体解剖的资源），也不是因为他看得比别人更仔细，而是因为他用了各种动物（不仅仅是用人）来做研究。此前的共识是，肺和肝脏是循环的两大中心，哈维提出心脏核心说，就得益于他比较了不同动物的血液循环体系。最简单的逻辑就是，并非所有动物都有肺，那血液循环的终极核心一定另有所在。

瓦尔特团队从上万个小分子中筛选得到这种能够高效影响未折叠蛋白反应的小分子 ISRIB，它的全部功能仍然在研究中。未来的十年或者二十年，这种小分子或者更多其他小分子也许会为人类治疗阿尔茨海默病带来转机。

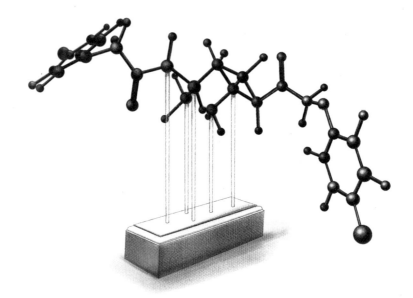

瓦尔特实验室一位博士后发现的小分子 ISRIB

3.14 从东德走出的拉波波特

同样在内质网领域深耕的还有另一位著名的德国科学家汤姆·拉波波特（Tom Rapoport）。

汤姆出生在一个剧变的时代。他的父母在躲避纳粹的流亡路上生下了他，在他四岁的时候，全家从美国回到欧洲，定居在东德。汤姆的父母分别是儿科医生和生化学家，生活较为安定，汤姆便从母亲那里得到了最早的"科学训练"——制作一个布丁，染成蓝色，然后做上标签"蓝色布丁"，最后在笔记本上写下制作蓝色布丁的实验过程。汤姆回忆说，这是他最早的实验报告，当时他只有五岁。

汤姆·拉波波特

小孩子的热情来得快，去得也快。学习了一番实验科学的方法，汤姆对数学产生了极大的兴趣，尤其是解析数学奥赛的题目。进入洪堡大学以后，汤姆先花了三年时间学习化学，因为他被当时化学家鲍林（Pauling）写的化学书籍所吸引。在第四年，汤姆又转去学习生物化学，也许是受了父亲的职业影响。当时，他父亲在洪堡大学生理化学研究所工作，是东德生物化学研究和教学的奠基性人物。

汤姆在 25 岁的时候就以远超同龄人的水平获得了博士学位。当时，他的研究课题是无机焦磷酸酶的酶动力学，他运用数学模型构建了酶作用的机制，发表了三篇重要论文。毕业以后，汤姆决定躲开父亲的视线，去别处做分子生物学研究。他的确得到了东德一家研究院的职位，但万万没想到，新研究院的楼还没建好，汤姆不得不继续待在被水泡过的实验楼里进行新领域的研究。

这时候，汤姆开始致力于克隆胰岛素基因，但很快，他发现这个目标很难实现，因为东德可供使用的资源实在是太少了。机智的汤姆将目光投向鲤鱼——这是东德人最喜欢的食物之一，也是唯一数量充足的食物。而且，鱼体内的胰岛更大、更容易分离。于是，汤姆和他的团队开始了疯狂的捉鱼取胰岛活动，有时候，一口气要宰杀两千条鲤鱼。这些鱼新鲜又低价，很快，闻讯而来的人挤满了实验楼，抢着买下取过胰岛的鲤鱼，一时间简直门庭若市。

最终，汤姆克服困难克隆得到了胰岛素 mRNA，这是东德地区第一次确定胰岛素的基因序列，但并非世界范围的第一次。当时的东德，科研条件有些落伍。汤姆到美国访问时，在瓦尔特、甘特等人的帮助下，购买了很多难以获得的化学试剂，带回了研究所。

胰岛素研究成了汤姆转向膜运输的重要契机。他发现，在体外用胰蛋白酶切割前胰岛素，会得到三条蛋白链，要比体内实验多一条。恰好，在 1975 年的一场会议上，他听到甘特介绍最近发现的信号肽序列，顿时感到自己找到了答案。"但是，信号肽又是怎样被识别的呢？蛋白质又是怎样被移动的呢？"循着这样的问题，汤姆终于踏进了甘特、瓦尔特深耕的领域。和萨沙·吉尔绍维奇（Sascha Girshovich）一道，汤姆试图找到蛋白质得以易位的膜通道，他发明了一种蛋白交联的方法——首先使用未修饰的肽结合 tRNase，然后对氨基酸进行修饰，这样就可以骗过高度敏感的 tRNase，成功完成实验需要的蛋白交联。借助交联技术，科学家有希望借助 X 射线观测蛋白质结构。在当时，汤姆所在的研究所施加很高的压力要求科学家将大部分精力用于应用科学。好在汤姆的实验室虽然体量很小，但发表了一系列 SRP 和通道蛋白相关的文章，赢得了很高的声誉，才能够在这样的高压环境下生存下来。

德国统一以后，迫于多方面的压力，汤姆还是离开了这里，来到环境更加开放的美国继续自己的科研。那时候，用 X 射线观察蛋白质结构的高峰已经过去，汤姆俨然老学究一样继续使用 X 射线观察蛋白质，他相信自己一定能看到想要看到的结果。十年如一日的艰苦尝试，他终于在 2004 年迎来了"生命中最美妙的时刻"，捕捉到了蛋白质跨膜转运通道的构象。汤姆的研究解释了分泌蛋白质是如何穿过生物膜这道屏障，从胞浆一侧进入到内质网内部，并开启折叠、成熟、转运的一系列分泌道路。

膜通道起初是关闭的，接着，伴侣分子结合膜通道，导致通道构象改变，环状的底物进入通道，其中，信号序列插入通道蛋白，合成完毕的其他部分肽链则进入孔洞。随后，肽链穿过膜通道，信号肽在这个阶段被消除。最后，膜通道回到起始状态，其他分子无法穿过。

汤姆的研究策略体现了生物化学的精妙之处，即使再复杂的体系，也可以通过鉴定分离最核心的元件，并在试管里重现细胞里的反应和过程，这种研究策略也因此被称为体外重构。如果说细胞或者机体就像一辆汽车，那么生物化学的研究方法有点暴力，就是把汽车拆散成一堆零件，再从里面挑一个出来，看看这个零件具体能干什

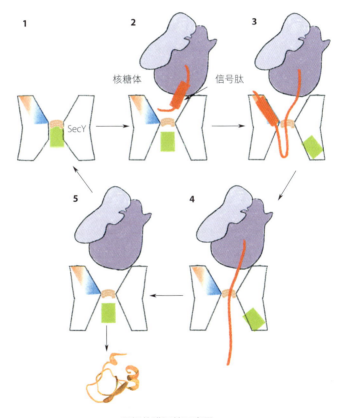

汤姆的膜运输示意图

么，发挥什么作用。这样的策略可以简单明了地解释一些生物大分子的直接活性，不过风险就是，对分离纯化的要求比较高，一旦纯化中有污染，就容易产生假象。当然，这些问题也都可以通过严密的实验设计和对照的使用来避免。

小结

内膜系统是"细胞拼图"里负责蛋白质分泌的"重镇"，而内质网和高尔基体作为内膜系统的前两站又是内膜系统里不可或缺的模块。内质网和高尔基体的发现和深入研究，离不开显微镜技术的不断革新，离不开酵母等"小生命"通过实现快速的遗传筛选而做出的"大文章"，也离不开经典的生物化学、生物物理学和结构生物学的交叉合作。从内质网和高尔基体的故事里，我们会意识到很多细胞内部的结构一开始看上去都像一张模糊的"网"，内质网是网，高尔基体是网，后面要说的线粒体和细胞骨架也是网。然而，这么多看上去相似的网木质上又是各司其职的不同结构。所以，在研究细胞的过程中，形态上的观察最终还是要落到功能上的剖析，有了特定的功能才有了每块"拼图"自己独有的标识。

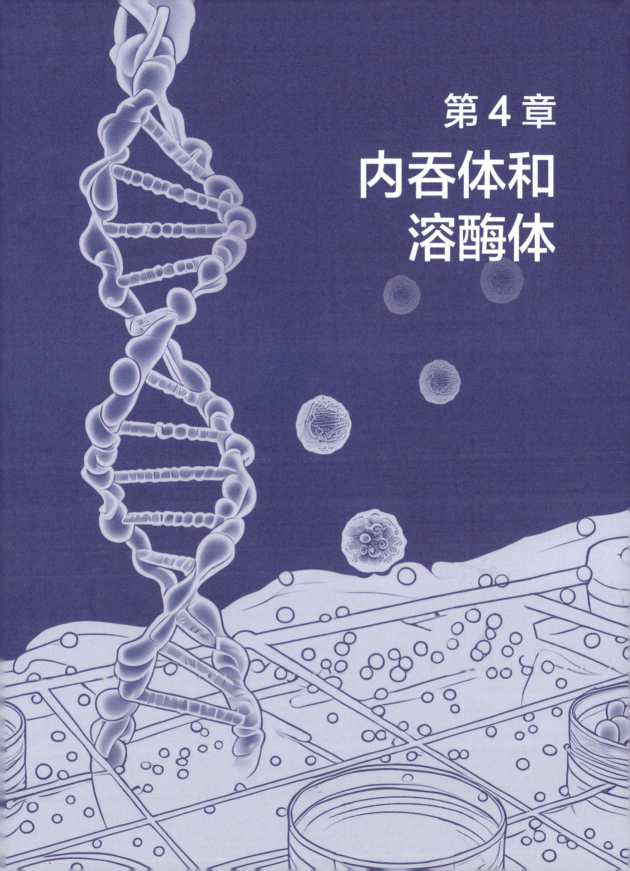

第 4 章
内吞体和
溶酶体

人需要饮食。食物和水进入消化道，被分解、吸收，维持我们每日的生命运转。聚焦到单个的细胞，它也需要摄取外部的物质，进行消化。在这个过程中，细胞膜会凹陷，形成囊泡，经过内吞体、溶酶体，降解吸收或者再生循环，本章所要讨论的就是这样一套属于细胞的"消化系统"。

　　科学家最早是在单细胞生物的观察中发现，这样微小的生物同样能够捕捉食物。接着，科学家又发现，多细胞生物的免疫功能有赖于单个细胞的"饮食"。随着观测手段的多样化、精细化，科学家找到了细胞内吞过程动用的细胞器，也因此发现了若干重大疾病的根源。

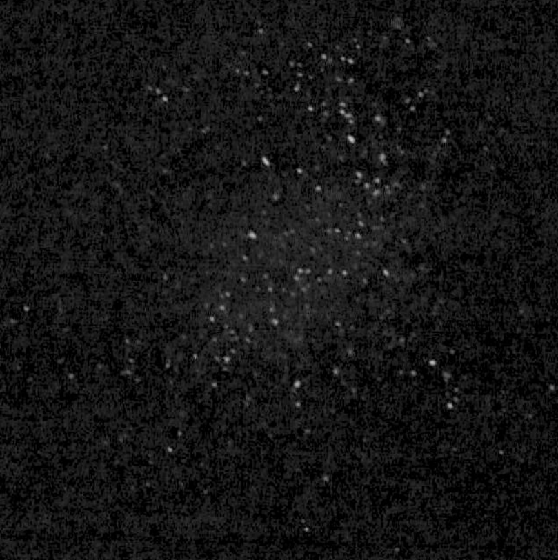

内吞体

溶酶体

4.1 会吞噬的单细胞生物

在科学家准确地描述吞噬作用、定义内吞体以前，人们已经知道有些细胞是会"吃东西"的。而观察这一现象的先驱之一便是美国博物学家约瑟夫·莱迪（Joseph Leidy）。

莱迪出生于 1823 年。在年幼的时候，莱迪颇有些绘画的天赋，不过除此之外，他不算多么出众的孩子。与其坐在教室里学习枯燥的理论，莱迪更喜欢和小伙伴一起在户外疯跑，观察植物、动物，研究各种矿石。和很多那个年代的生物学家一样，莱迪进入大学以后攻读了医学，并且在毕业后遵从他父亲的期待成了一名医生。

不过很快，他就彻底放弃了医生这一职业，做起了专门的动植物研究。1845 年，他开始为一部研究北美软体动物的著作解剖并绘制蜗牛图片，因此赢得了相当的声誉，当上了费城自然科学学会博物馆的馆长。莱迪的兴趣十分广泛，他研究化石，发现美洲很早以前就有马，只是后来灭绝了，现在的马是后来从西班牙重新引进的。他研究微生物，出版了专著《北美淡水根足虫》。在这部专著里，他第一次详细地描述了阿米巴原虫如何捕食纤毛虫："阿米巴原虫伸出两根伪足，裹住了纤毛虫，又合并到一起。"

约瑟夫·莱迪

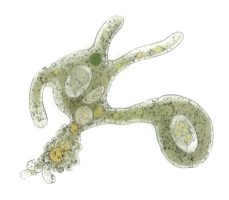

莱迪绘制的阿米巴原虫吞噬图

4.2 吞噬作用是天然免疫的重要一环

如果吞噬仅仅是单细胞生物的一种摄食方法，那么可能就没有后面所有这些故事了。就在莱迪等数位科学家准确地描述单细胞生物的这种行为以后不久，俄国科学家伊拉·梅契尼科夫（Elie Metchnikoff）发现，吞噬作用构成了多细胞生物重要的免疫功能。

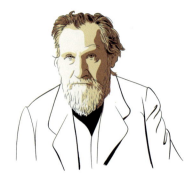

伊拉·梅契尼科夫

梅契尼科夫出生于俄国的一个地主家庭，他天赋惊人，在中学时代便前往大学旁听课程，甚至在十五岁的时候就已经能够翻译外文教科书。而在进入大学以后，他花了仅仅两年时间就完成了大学四年的课程，顺利拿到了学位。

那时候的梅契尼科夫年轻而狂傲，作为一名天才，"成为一位著名的科学家"简直是板上钉钉的事情。不过，他的硕博生涯其实并不顺利，倔强的个性、强烈的主见，令他屡屡和导师们发生冲突，不得不辗转多个学校攻读学位。他因此而游历了德国、法国、西班牙和意大利，在德国，他读到了达尔文写作的《物种起源》，深受震撼。又恰好当时微生物学正随着显微技术的进步而蓬勃发展，两相结合，梅契尼科夫决定专门研究无脊椎动物的胚胎发育，并由此来验证达尔文的进化论。

1882 年，梅契尼科夫辞去了大学的工作，举家搬往意大利西西里岛。在这里，他搭建了一间实验室，开始专心致志地研究海星。在显微镜下，海星幼虫体内的"游走细胞"清晰可见。他发现，这些细胞似乎能够吞下食物碎屑，进行消化。梅契尼科夫被这种易于观察的美丽动物深深吸引。有一天，他的家人们都去看马戏团的猩猩了，梅契尼科夫仍然独自一人抱着显微镜。这时候，他的脑海中忽然出现了一个念头——这样的游走细胞是否可以防御入侵者？如果可以，那么只需要向海星体内注入些许碎片，游走细胞就会立刻包围它们。梅契尼科夫因为这样的念头而兴奋起来，他大踏步地走出房间，开始采集实验材料。他从小花园里摘下一些玫瑰刺，扎入海星幼虫的皮下。在度过了一个难熬的夜晚之后，梅契尼科夫激动地发现，玫瑰刺四周聚满了游走细胞！

梅契尼科夫当即把这个重要的发现告诉了当时非常有名的细胞病理学家鲁多夫·菲尔绍（Rudolf Virchow），菲尔绍支持梅契尼科夫的想法，但提醒他需要更多的实验才能够真正地验证这一猜想。而另一位重要的动物学家卡尔·克劳斯（Carl Claus）则建议梅契尼科夫将这种游走细胞命名为"吞噬细胞"。之后，梅契尼科夫又在被真菌感染的水蚤体内发现吞噬细胞正在吞食真菌和孢子，这些真菌一旦被吃掉，就会慢慢融化。

这一发现成了免疫学史上的一次里程碑事件，人们因此知晓了吞噬细胞有可能协助动物防御微生物的入侵。然而，在当时的环境下，学界普遍认为身体的免疫力主要来源于血液中产生的、杀死微生物的某种物质，梅契尼科夫的理论如同天方夜谭，遭到了很多人的反对。他的一位同事曾经回忆梅契尼科夫与对手争辩时的情景——"他涨红了脸，眼睛仿佛就要冒出火来，头发根根直立，看起来好像个魔鬼"。不过，梅契尼科夫提出的细胞免疫被证明是正确的，它是生物免疫的重要组成部分，他也因此获得了 1908 年的诺贝尔生理学或医学奖。

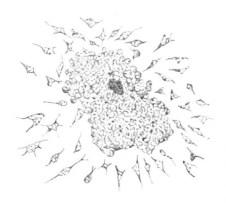

梅契尼科夫绘制的"游走的细胞"
梅契尼科夫 1893 年发表的文章中绘制了这样的图画，说明"游走细胞"可以聚集在玫瑰刺周围。

4.3 胞饮提供营养

梅契尼科夫将细胞吞食颗粒的过程命名为"吞噬"（phagocytosis），这个词来源于希腊文的吞食（phagos）和细胞（.cyte）。几十年后，另一位重要的科学家沃伦·哈蒙·刘易斯（Warren Harmon Lewis）则观察到了细胞"饮用"液体，并借用希腊文的"饮用"（pinean），将这个过程命名为"胞饮"（pinocytosis）。同梅契尼科夫的手绘、文字描述不同，刘易斯运用当时新兴的延时摄影技术直接拍摄到了细胞胞饮的过程，令人们大开眼界。

实际上，刘易斯最开始的研究方向并非细胞胞饮。他二十六岁的时候进入约翰斯·霍普金斯大学，这里聚集了学界的诸多领军人物，也云集了一大批慕名而来的优秀学子。刘易斯被富兰克林·马尔（Franklin Mall）深深吸引，很快进入了他主持的解剖学系担任助理。马尔的实验室有着当时美国最丰富的人类胚胎样本，在这里，刘易斯开始了胚胎学的研究，成果相当丰硕。

正是在孜孜不倦地探索中，刘易斯因为学术交流偶遇了另一位聪慧的女科学家玛格丽特·阿达琳·里德·刘易斯（Margaret Adaline Reed Lewis）。玛格丽特当时在柏

沃伦·哈蒙·刘易斯

玛格丽特·阿达琳·里德·刘易斯

林工作，她的合作者罗达·厄德曼（Rhoda Erdmann）博士正在试图用生理盐水调配后的琼脂培养阿米巴原虫。玛格丽特往琼脂中加入了一点儿豚鼠骨髓，结果几天后，她发现骨髓细胞在琼脂上形成了一片单层细胞，细胞核还呈现出有丝分裂的态势来。换言之，骨髓细胞不仅活了，还发生了增殖。这可能是人类第一次成功地在体外培养哺乳动物细胞。

这次实验为刘易斯夫妇未来的研究转向奠定了基础。1910 年，两人成婚以后开始一道致力于研究组织培养。那段时间里，几乎所有的组织培养研究者都在尝试什么样的细胞能够在体外培养、什么样的培养基最合适，而刘易斯夫妇则更希望能够清晰地观测单个细胞的结构。

1929 年前后，刘易斯开始运用摄影技术记录显微观察的结果。他向保罗·格雷戈里（Paul Gregory）学习并试着拍下了兔子胚胎早期的发育过程，并很快将这项技术用来观察组织培养中的细胞。

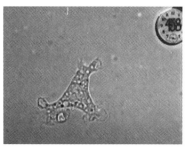

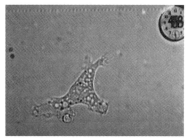

刘易斯发现，反复观看自己拍摄的图片能够看出很多平时直接观察难以察觉的细节，而运用延时摄影技术，那些细微的、极其缓慢的变化都能够清晰地显现在短短的影片中。很快，刘易斯夫妇在 1931 年发现了过去从来没有被注意到的一种细胞活动——某些细胞（比如巨噬细胞、成纤维细胞、肉瘤细胞）会伸出波浪形的褶皱，或者类似面纱的伪足膜，主动包裹、吞下周围的液体培养基。刘易斯推测，这是一种吸收液体、获取营养的方式，他以幽默的语调写道："它们（巨噬细胞）似乎不是

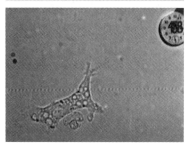

刘易斯拍下的细胞活动片段

经常无所事事，而是总是积极地饮用组织的汁液，进行消化并把液体和消化产物又排回到组织液中。"刘易斯将这种行为命名为胞饮，现在已经被学界普遍接受。

4.4 离心的新发现

从十九世纪末期到二十世纪，细胞内部大部分区域的图景仍然是模糊的。莱迪、梅契尼科夫和刘易斯他们大多借助显微技术直接观察、推测细胞的内部结构。与此同时，还有一小批科学家另辟蹊径，试图运用生物化学的方法去解析细胞内部究竟有什么。

克里斯汀·德迪夫

这个故事的主角是克里斯汀·德迪夫（Christian René de Duve）。1917 年，德迪夫出生在英国，他的父母都是比利时人，当时为躲避第一次世界大战，迁居到英国。第一次世界大战刚结束，德迪夫就回到比利时，进入大学学习医学。当时的课程使用法语教授，他也因此熟练掌握了四门语言。毕业后，他专注于胰岛素作用机制的研究。他周游数个国家，先后在三位诺贝尔奖获得者的指导下进行生物物理学和生物化学的研究。

不幸的是，第二次世界大战爆发了。在混乱的环境下，几乎没有一个安静的能够从事基础研究的实验室。很快，德迪夫被征召入伍，前往法国行医，却不幸被德军俘虏。幸好他拥有杰出的语言能力与冷静的头脑，成功逃脱的德迪夫回到了比利时，重新回到基础研究中。

1947 年，他组建起了自己的实验室，运用生理学和化学的方法继续探索胰岛素的作用机制。德迪夫和他的团队选择富含酶类的肝细胞作为研究对象，使用离心的方法分离细胞的不同组分，然后通过测定多种磷酸酶的活性，推测这些酶定位在哪种组分上。按照他们的实验设计，酸性磷酸酶用作对照。奇怪的是，随着实验的推进，蛋白质不断变性、水解，细胞组分中的酸性磷酸酶活性反而升高了。

德迪夫立刻抓住了这一反常的情况，试图模拟蛋白质"老化"的过程。他发现，机械研磨、冻融、使用去污剂，都可以令酸性磷酸酶的活性显著升高。这似乎暗示了酸性磷酸酶来自某个膜包围的空间。同时，还有一些别的水解酶也表现出类似的特性，都在酸性条件下具有最高的活性。顺理成章地，德迪夫推测这是一种新的细胞器，聚集了所有酸性水解酶，能够作为细胞的"胃"。

不过，对于"传统"的生物学界来说，生化层面的推测还是不够有力的，需要眼见为实。于是，德迪夫运用提纯后的大鼠肝细胞匀浆拍下了第一张溶酶体的电镜照片。

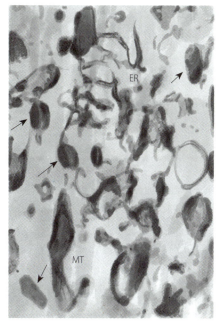

德迪夫拍到的第一张溶酶体的电镜照片

箭头所指的"致密小体"具有与溶酶体完全一致的特性。这是人们第一次运用电镜观察到溶酶体的样子。

4.5　蚊子的启示

现在，已知细胞能够从外界摄取物质，又知道溶酶体能够充当"胃"的作用。但是内吞毕竟是动态的，要观察到极其细微的结构变化，必须要使用电子显微镜，而使用电子显微镜又必须要冷冻样本。怎样才能运用电子显微镜复现内吞这一动态过程呢？

二十世纪六十年代，长期致力于研究样本制备方法、电子显微镜运用的科学家基思·罗伯茨·波特和托马斯·罗斯（Thomas Roth）想出了一个新主意——将蚊子作为研究对象。人们早就注意到，蚊子卵母细胞的发育是随着血液消化发生的。蚊子吸

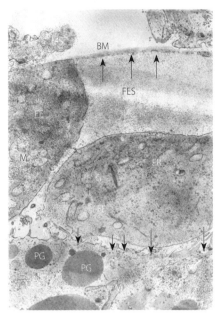

波特拍摄的内吞电镜图片之一

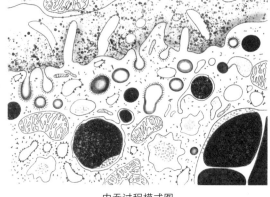

内吞过程模式图

血后仅仅经过 25 个小时，卵黄就能够迅速的合成并储存。而在这个过程中，并没有什么特别的结构变化，唯一可能和卵黄蛋白储存相关的就是卵母细胞表面出现的凹陷。波特他们推测，这样的凹陷和细胞摄取血液中的营养物质相关。如果饲喂蚊子一顿饱餐，然后在不同的时间点解剖蚊子、固定卵母细胞，那么就有可能用电子显微镜观察到卵母细胞摄取物质、完成发育的全过程。

蚊子在进食血液后 7 个小时，其卵母细胞质膜向胞外伸出了很多"刷毛"，而在卵母细胞质膜内侧则有很多"刷毛毛坑"，坑内聚集着密度较高的物质。经过反复观察，波特和罗斯推测，营养物质沉积在凹陷小坑中，通过一层蛋白质的辅助，有选择地形成液泡进入卵母细胞，液泡经过脱壳、融合，经由内吞体的处理，最终完成卵黄蛋白的储存。

波特的推测相当精准。在他做出推测后的将近五十年间，学界几乎是逐条证明了他的实验结果。

4.6 从怪病到诺贝尔奖

就在波特津津有味地观测蚊子的那些年，一些饱受怪病困扰的孩子们正在四处求医。他们在只有几岁的时候就患有高胆固醇血症，超出正常数值好几倍的胆固醇会堵住动脉，造成严重的冠心病。甚至，他们的四肢会出现一颗颗大小不一的黄色脂肪瘤，如果不及时治疗，他们的身体将很难承受如此高的胆固醇，很快会因为心血管疾病去世。

1969 年 1 月，一名叫作瓦莱丽·哈勒尔（Valerie Harrell）的七岁女孩就因为这样的疾病来到了美国国立卫生研究院临床中心。当时，她的血胆固醇已经是正常值上限的八倍了，她的弟弟情况也相仿。她的父母同样患有高脂血症，只是不像她这样严重。这种罕见的、显然具有家族性的疾病吸引了一群医生，医生们围着她询问情况。其中一名叫作约瑟夫·里欧纳德·戈尔茨坦（Joseph Leonard Goldstein）的医生似乎对此特别感兴趣，查完一圈房，他又绕了回来，详细了解瓦莱丽的情况。但戈尔茨坦一时半会儿无法推断到底是什么导致了如此高的血脂水平。

带着一肚子疑问的戈尔茨坦在餐厅找到了他的好朋友迈克尔·斯图尔特·布朗（Michael Stuart Brown），两人一番商量，便猜测可能是某种基因的突变导致了这种家族性高胆固醇血症的发生。当时人们已经知道，细胞能够依据代谢的需要控制胆固醇的含量，其中的某个还原酶就是胆固醇代谢的限速酶。那么，多半是这个还原酶出现了问题，无法对过高的胆固醇含量做出响应。

为了一探究竟，戈尔茨坦来到西雅图的华盛顿大学医学院，学习医学遗传学。在这里，他还学会了当时十分先进的技术——从皮肤组织中获取成纤维细胞，在培养皿中进行培养并传代。1971 年，布朗在戈尔茨坦的劝说下来到了德克萨斯西南医学中心，在那里可以将临床工作与科研结合起来。相较于戈尔茨坦，布朗的事业起步要慢一些，他一心探索那个可能引发了高胆固醇血症的酶，但那里的研究者似乎更喜欢通过外科手术探索大鼠的代谢情况。经过一番波折，布朗才获得了独立研究的机会，只

约瑟夫·里欧纳德·戈尔茨坦和瓦莱丽·哈勒尔

将近五十年后，戈尔茨坦和瓦莱丽（插图中间位置的女性）再度相聚。两人都记得当年的相逢，"她才七岁，胆固醇却那么高！要不是瓦莱丽，我们也许还不会了解到这种疾病。"戈尔茨坦感叹道，而当时被医生们认为可能活不过一两年的瓦莱丽也在精细的医学干预下高质量地存活下来。

是一开始压根儿没有人看好他。毕竟，多年以来，众多前辈都没能提纯这种酶。

　　一年以后，戈尔茨坦也来到了西南医学中心。这时候，布朗已经开始崭露头角——他巧妙地修改了离心机的电路设计，提纯了他们认为可疑的还原酶。戈尔茨坦带回来的细胞培养技术正好能派上大用场——他们很快发现，还原酶并非高胆固醇血症的罪魁祸首。实际上，高胆固醇血症患者的细胞中，这种还原酶的活性非常强，一定是另外一种未知的基因突变导致细胞无法控制还原酶的活性。并且，如果向高胆固醇血症患者的细胞中加入纯的胆固醇，那么还原酶的活性将得到有效的抑制；而如果加入的是经过包装的胆固醇，那么还原酶就似乎不再能够识别胆固醇了。据此，这两位年轻的学者大胆地提出，胆固醇并不像学界想象的那样能够理所应当地"融入"细胞。相反，胆固醇需要细胞表面的分子识别才能够进入细胞，而高胆固醇血症患者正是因为缺失了这种分子，导致机体无法调控胆固醇代谢相关的通路。

自然，戈尔茨坦等人石破天惊的想法并没有立刻得到学界的支持，最初的投稿很快遭到了众多审稿人的反驳："这样的观察并不完善，既无益于医学发展，也不会为作者赢得声名。"幸运的是，他们得到了另一位患者的样本。这位患者的症状尤其严重，在儿童时期就已经因为冠心病无法正常活动了。经过仔细的分析，布朗和戈尔茨坦发现，他的基因出现了两种突变——一种突变源于母亲，导致低密度脂蛋白受体无法正常合成；另一种突变则来自父亲，这种突变形成的受体能够在细胞表面结合低密度脂蛋白（LDL），却无法进入细胞。

正常人体细胞的电镜图
凹陷小坑处聚集了大量低密度脂蛋白受体。

患者细胞的电镜图
患者的低密度脂蛋白受体散布于细胞膜表面，远离凹陷小坑。

一起玩帆船的布朗和戈尔茨坦
布朗出生于 1941 年，只比戈尔茨坦小一岁。自从他们在大学相遇以来，两人形影不离，共享了几乎所有的科研历程，堪称科学史上的一段佳话。因为在胆固醇代谢上做出的开创性研究，两人在四十多岁时候就获得了诺贝尔奖，比大多数获奖者都年轻得多。

布朗和戈尔茨坦的发现经受住了时间的考验。现在人们已经确信，高胆固醇血症患者就是因为缺乏有功能的低密度脂蛋白受体，导致细胞无法内吞低密度脂蛋白，也就无法清除血液中的胆固醇，导致了一系列的症状。而高血脂引发的冠心病是人类最主要的死因之一，有着深远的流行病学意义。布朗和戈尔茨坦也因此荣获 1985 年的诺贝尔生理学或医学奖。

4.7　如果溶酶体出了问题

内吞过程出了问题，会导致高胆固醇血症这样的疾病，那么，如果是消化过程出了问题呢？实际上，人们早在发现溶酶体前几十年，就已经记载下一些难以治疗的疾病，比如泰－萨克斯病。

那是医学逐步进入现代化的时代。随着实证研究的兴起、观察手段的进步，人们开始相信，科学能够探知疾病的根源，如果加以干预，那么人类就有可能治愈或者预防疾病。就是在这个阶段，英国的一名眼科医生华伦·泰伊（Waren Tay）记录了一个奇怪的病例——1881 年 3 月 7 日，一名妇女带来了她十二个月大的孩子。据说她的孩子在两到

华伦·泰伊

三周的时候就非常虚弱，不能够抬起头，也很难移动四肢。之后，这样的情况愈发严重，孩子一天比一天虚弱。经过仔细的询问，泰伊发现这个孩子其实视力也存在问题。泰伊用眼底镜进行检查，发现孩子眼底黄斑附近有一块苍白的区域，中间有一个红棕色的圆点，十分引人注目。泰伊认为这样的病变和眼底血管栓塞的表现十分相像，可能是某种眼底病变，但是又实在无法解释患者莫名的虚弱。

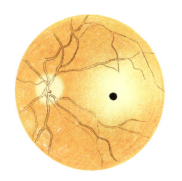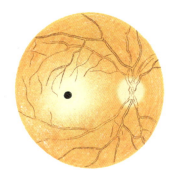

泰伊记录的患者眼底照片

患者的眼底黄斑处有一块白斑，白斑中有非常明显的棕红色圆点。

1887 年，美国最知名的神经病学家之一伯纳德·萨克斯（Bernard Sachs）也报告了一起情况相仿的病例——年幼的孩子，四肢无力，甚至无法抓住东西；抬不起头，视力逐渐消失；不能够正常说话，却时常发出傻笑……萨克斯接诊的这名患儿在两岁的时候因为极度衰弱、肺部感染去世了。随后，萨克斯和泰伊陆续记录了十几位症状十分接近的患儿情况。借助详细的问诊和病程记录，他们发现这种疾病几乎全部发生在犹太人身上，有着明显的家族聚集性，他将这种疾病命名为"黑蒙性家族痴呆症"。犹太裔的萨克斯颇有些难以接受他观察到的事实——为什么这种致命的疾病单单盯着犹太人呢？

伯纳德·萨克斯

在美国医学界享有盛名的萨克斯，因为同泰伊一样在这种疾病方面有着开创性的工作，这种疾病也被称为泰－萨克斯病。

在人们还没有手段真正探知病因的时期，这种疾病成了种族主义者的武器，也成了犹太人的梦魇。甚至有科学家倒置因果关系，声称黑蒙性家族痴呆症是犹太种族的"鉴定"标签。事实并非如此。随着医学的发展，人们对这种疾病关注度的提高，在泰伊和萨克斯发现这种疾病以后短短几十年，医生们就已经在其他种族的人群中观察到了十几例病症。

然而，这种疾病真正脱离种族主义的裹挟，要等到人们认识溶酶体、察觉黑蒙性家族痴呆症的真正源头——一条常染色体的突变导致了溶酶体中缺失了一种酶。同高胆固醇血症不一样，溶酶体中酶的缺乏将导致机体无法分解特定的生物大分子。患有泰-萨克斯病的患儿体内的溶酶体无法分解神经节苷脂GM2。GM2的含量一旦累积到有毒的水平，神经细胞就会受损、死亡。这种突变在犹太人中尤为常见，好在通过产前筛查，现在我们已经能够尽量避免这类先天性疾病的出现。

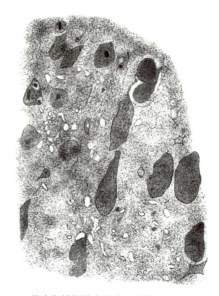

萨克斯拍摄的大脑皮层椎体细胞照片
萨克斯对一名患儿进行了尸检，并对她的大脑皮层进行了镜检。他发现，患儿的锥体细胞形态异常，细胞核缺失。

小结

人吃不好就会营养不良，而吃多了不消化也会导致不适和疾病。这一现象放到细胞里说，就是内吞体和溶酶体的故事。这两块"拼图"的发现和解析告诉我们吸收代谢的稳态平衡非常重要，也因此，内吞体和溶酶体的功能障碍与很多代谢疾病直接相关。"吞"的方式其实有很多，比如对病原体的叫"吞噬"，对胞外液体非选择性的叫"胞饮"，而对某些物质选择性的"内吞"则需要包被和分选的精密机制。而溶酶体的功能也比前人鉴定的要复杂很多，如今溶酶体可以作为一个细胞代谢的信号中心，而不是一个简单的"垃圾处理站"。从简单基本功能的发现，到复杂特化功能的延伸，"细胞拼图"的故事一次次地重现了科学研究中循序渐进的规律，以及层出不穷的精彩瞬间。

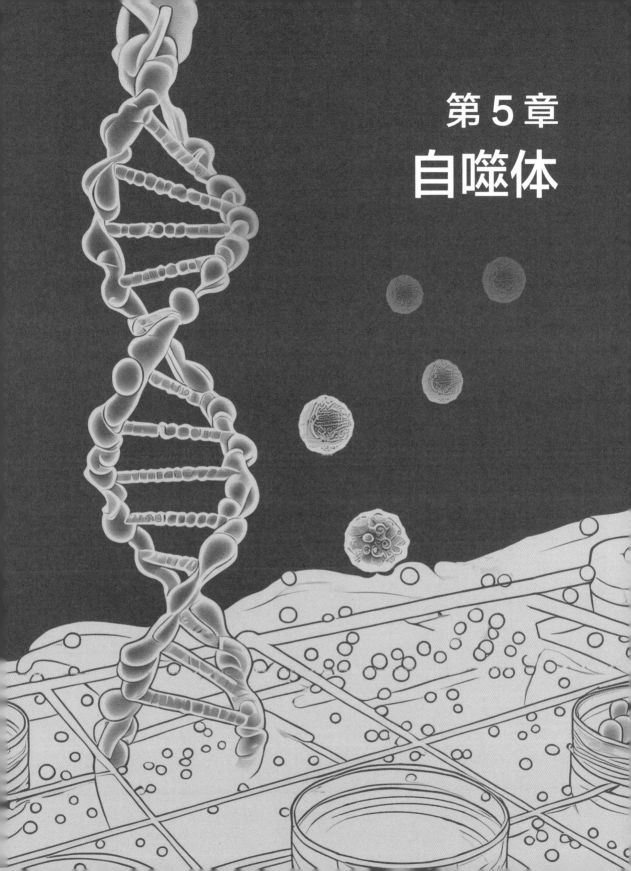

第5章
自噬体

单单有能够消化外来"食物"的溶酶体和内吞体，消化体系仍然不完整——细胞有时会消化自己作为食物，也需要有某种手段能够将这些食物送到溶酶体这里，这样的运输、捕食机器就是这一章要介绍的自噬体。

自噬体的发现紧随溶酶体而来，同内吞体、溶酶体一道，它们构成了细胞的消化系统，也搭起了细胞内物质的垃圾处理系统。

自噬体

5.1 从溶酶体到自噬体

上一章我们讲到克里斯汀·德迪夫利用离心机发现了溶酶体，并拍下了珍贵的电镜照片。但是德迪夫并未因此止步，他认为，既然溶酶体里装满了各种各样的细胞成分，甚至还有细胞器，那么，肯定是有什么途径将这些"食物"送进溶酶体。于是，眼光敏锐的德迪夫提出了自噬。在 1966 年写作的论文中，德迪夫推测，细胞中存在这样的过程——不论是细胞内吞的还是原本就是细胞内部的物质，都会首先进入某个吞噬或者自噬囊泡，这个装满了生物大分子的囊泡需要和溶酶体融合，才能够开始消化过程。消化结束以后，再通过分泌等生物过程排出细胞。

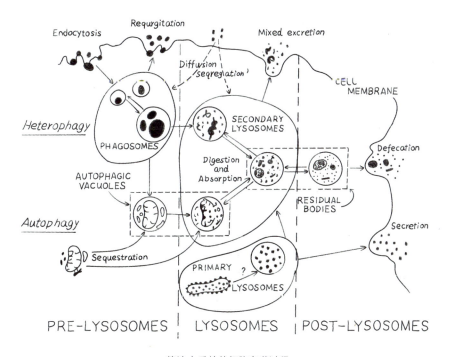

德迪夫手绘的细胞自噬过程

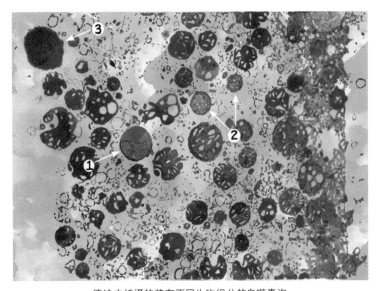

德迪夫拍摄的装有不同生物组分的自噬囊泡

1 所指的囊泡里装有线粒体，2 所指的囊泡装着细胞膜成分，3 所指的囊泡则装着核糖体。

第二年，德迪夫就拍到了装有不同生物组分的自噬囊泡。如此看来，自噬体简直无所不吃。不过，在德迪夫观察并描述自噬体之后很长时间，人们对自噬过程的理解才有了新突破。对自噬体的研究似乎经历了一个漫长的休眠期，这一等就是二十多年。

5.2　酵母的基因库

尽管人们早在二十世纪五六十年代就发现细胞能够消化胞内组分，但在之后的二十多年间，自噬过程的研究几乎是停顿的。体积较大的蛋白质复合物、陈旧的细胞器，究竟是通过什么样的机制被降解，人们对此仍然一无所知。

突破性的进展来自当时不太受重视的酵母，而最重要的研究者则是日本科学家大隅良典（Yoshinori Ohsumi）。同很多天赋异禀的学者不同，大隅良典走过了很多弯路，才终于大器晚成，并一举拿下了诺贝尔奖。

大隅良典出生在一个知识分子家庭，他的父亲是九州大学的工程学教授。耳濡目染之下，大隅良典很小就决定像父亲那样从事科研。高中时期，他迷上了化学，并顺利地进入东京大学继续钻研化学。不过很快，大隅良典就对当时方兴未艾的分子生物学产生了更加浓厚的兴趣。毕竟，化学是一门相对成熟的学科，而分子生物学充满了未知和挑战。

大隅良典

诺贝尔奖揭晓的时候，已经 71 岁的大隅良典仍然在实验室忙碌。谈及自己的科研历程，"不凑热闹"似乎是大隅良典的不二法宝。在大家一窝蜂地研究热点问题、争发论文的时候，大隅良典选择了无人问津的方向，并由此发现了一整片蓝海。

从化学转向分子生物学，是大隅良典科研生涯的第一次重要转折。此后，他的科研方向又经历了若干次转折——从博士阶段的大肠杆菌研究转向博士后阶段的哺乳动物细胞与发育生物学研究；接着从早期胚胎研究转向酵母菌的 DNA 复制研究；最后，他决定研究酵母的液泡。

不仅如此，大隅良典还致力于推动中日两国的科学交流。他期望年轻一代的学者能够深耕于基础科学领域，"我们不能被转化研究带来的小利迷惑。基础科研如果短腿，科学就会失去持续发展的动力"。

在当时，这是一个剑走偏锋的决定。大多数同行忙于研究细胞膜上离子与小分子的转运，酵母的液泡只是一座不受重视的"垃圾处理厂"。大隅良典却基于博士后阶段的积累，认为液泡非常容易提纯、又可以直接用光学显微镜观察到，是一个很方便的研究对象。更何况，"垃圾处理厂"必然充满了降解的产物，那么只需要观察液泡的形态，就能够推断降解的情况。直到这时候，大隅良典的研究才开始走上坦途。

大隅良典首先发现，在缺乏氮源的情况下，酵母会诱发孢子体形成，或者诱发分裂。这样的分化与重组涉及大量蛋白质的降解。那么，如果敲除酵母的液泡降解酶，并给予酵母饥饿处理，运送到液泡中的物质将会大量累积。顺着这样的思路，大隅良典很快确认，酵母同样有自噬体，并且经过饥饿处理的酵母会在液泡中堆积大量的自噬体。

有了这样的酵母，大隅良典之后的研究思路也就顺理成章了——如果控制自噬的基因被灭活，那么酵母液泡中将无法堆积自噬体。所以，想办法诱导酵母发生随机突变，然后筛选出其中无法积累自噬体的菌株，寻找突变的关键基因。经过无数次的试验，大隅良典确定了 15 个和自噬有关的基因，后来这些基因被命名为 ATG 系列基因（取了 "autophagy" 中的三个字母，类似于调控分泌的 SEC 基因）。此时，距离他组建自己的实验室仅仅过了五年。随后，大隅良典和他的团队深入研究了这些基因的功能，阐明了两个在自噬体形成中至关重要的类泛素系统——通过修饰细胞蛋白改变蛋白质的功能，进而引导各种细胞进程（如自噬、应激反应和细胞周期）的发生。至此，人们对细胞自噬的了解才进入了分子层面。大隅良典也因此获得了 2016 年的诺贝尔生理学或医学奖。

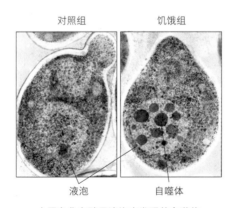

大隅良典在酵母液泡中发现的自噬体

左图中是正常酵母的液泡，右图中是经过饥饿处理的液泡，
可以看到，右图中的液泡中堆积了大量自噬体。

5.3 线虫告诉我们更多

尽管酵母打开了自噬研究的大门，但是酵母毕竟是一种单细胞生物，要想了解多细胞生物自噬过程的复杂性与多样性，仍然需要一种新的多细胞模式生物。这时候，秀丽线虫进入了科学家的视野。

这是一种极为"简洁"的多细胞生物，它的整个生命周期仅有两到三周，从卵发育到成虫只需要三天，全身的细胞只有大约一千个。更有趣的是，秀丽线虫拥有一种神奇的 P 颗粒——一种原本均匀分布在未受精卵中的生殖质。一旦受精，P 颗粒便会迅速集中到预定胚胎的后部，随后在卵裂时候进入特定的细胞，形成未来的生殖细胞谱系。

那么这样不均匀的分布究竟是如何实现的呢？是因为受精卵分裂的时候 P 颗粒特异性地定向到了生殖细胞中，还是因为体细胞中的 P 颗粒被降解了呢？

中国科学家张宏回答了这个问题。2004年，张宏离开了哈佛大学医学院马萨诸塞州总医院癌症中心，回到了刚刚组建的北京生命科学研究所，建起了自己的实验室，成了国内第一个专门以秀丽线虫为自噬研究对象的科学家。

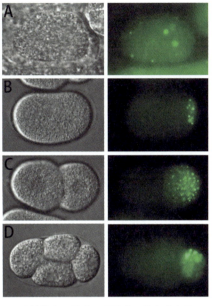

受精线虫胚胎中 P 颗粒的不均匀分布图

中国科学家张宏

然而，挑战来得要比研究本身更早一些。张宏向德国的一家仪器设备公司订购一套线虫显微注射器，结果对方因为"中国从来没有人订过这个东西"，十分"贴心"地给换成了做细胞的显微仪器。他订购塑料培养皿，又因为培养皿价格高昂、每日所需使用的数量巨大，不得不和全国各地的企业商谈。最后，张宏找到了江苏的一家乡镇企业合作，这家企业专门制作了一个模具为他生产塑料培养皿，并将塑料培养皿的单价与原先价格相比降低了将近一半。

　　解决了实验器材的问题，张宏很快开始探索 P 颗粒不均匀分布的机制。他使用遗传学的方法将线虫基因随机突变，寻找线虫体细胞中 P 颗粒累积的突变体，并通过基因克隆得知这些异常表型是由于自噬基因突变导致的。于是，第一个问题有了答案——线虫受精卵卵裂时，由于体细胞中的 P 颗粒被降解，才出现了不均匀的分布。

　　紧接着，第二个问题出现了——自噬通路又是如何降解 P 颗粒的呢？科学家进一步发现，如果线虫的自噬基因突变，那么 P 颗粒中的蛋白质将聚集成一种被称为 PGL 的颗粒。要降解这些蛋白质颗粒，就必须借助一种受体蛋白，它一面结合 PGL 颗粒，另一面结合自噬蛋白，这样，PGL 颗粒才能够进入自噬体，通过自噬作用被清除。至此，人们对自噬有了更深层次的了解——它不仅是细胞内部的回收站，还是"挑食"的回收站，会选择性地清除胞内物质。

　　降解 P 颗粒的自噬机器如果出了问题，P 颗粒就会在不该出现的地方出现并累积，这些分布定位出错的就叫"异位 P 颗粒"。那么调控异位 P 颗粒出现的基因大概率就是直接参与自噬过程的重要基因，自然被称为"异位 P 颗粒基因"，英文缩写为 EPG。EPG 和 ATG 基因组成了我们对自噬机制和调控研究的重要基石。

　　自噬基因的筛选鉴定体现了遗传学的经典妙处。第三章我们用了汽车的比喻解释了生物化学和体外重组的研究策略，那么遗传学的研究策略其实就是一个个零件去破坏或者拆除，然后观察车是否能前进，或者正常转向、刹车，以此来逐步推测每个零件的功能到底是什么。前文提到的细胞周期调控基因或细胞分泌调控基因都是用这个逻辑来获得的。遗传学研究的重要特点就是，需要一个很容易被观察到的现象作为评判依据，比如 P 颗粒在受精卵中的分布情况，然后再配以一个基因容易被编辑、修改或破坏的体系。我们这里讲到的酵母和线虫就是典型的遗传学研究工具。

作为国内第一个吃螃蟹的人，张宏的信条便是"绝对不做别人做过的东西"。当然，张宏十分谦逊地表示，这只是因为自己不见得比别人聪明，也不见得比别人运气好，更不见得是工作最辛苦的人，所以做别人做过的东西不会更好。可是，开拓一个新的领域需要极大的勇气，也需要强大的自信。对此，张宏说他的人生词典里从来没有"失败"两个字，只有正结果和负结果。负结果同样有着重要的意义，至少证明了此路不通。

5.4 如果回收站失效了

正如前文中提到的，不论是酵母还是线虫，一旦其中的自噬体的回收功能遭到阻断，细胞内必然会堆积起原本不应该堆积的物质。那么，假设人体细胞的"回收站"也遭到了破坏，会发生什么呢？

这个问题的关键解答者是女科学家贝丝·莱文（Beth Levine）。有意思的是，贝丝最早拿到的学位是艺术学学士，当时她在布朗大学进行法语文学的研究。随后，她换了一条截然不同的赛道，来到康奈尔大学拿下了医学学位，并在纽约西奈山医院完成了住院医培训。就是在这段时间，贝丝对感染性疾病、免疫病理学表现出了强烈的兴趣和与众不同的敏锐度。正因为此，她随后来到约翰斯·霍普金斯大学进行博士后阶段的研究，就是在这里，她关注到了病毒感染与细胞死亡之间的关联，她发现了一种抗凋亡分子 BCL-2 能够抑制病毒感染引起的细胞死亡，从而阻止脑炎发生。

此后，贝丝的一系列重要研究拉开了序幕。那时候，大隅良典的研究已经证实了自噬对于酵母的生命周期有着至关重要的作用，但是哺乳动物的细胞是否也存在相似的情况，仍然不得而知。成立自己的实验室后，贝丝开始着手推进 BCL-2 的研究，她想看看究竟是什么样的机制令这种分子起到了阻止细胞死亡的作用。

数年后，贝丝和她的团队发现，BCL-2 的功能有赖于另一种蛋白质 Beclin-1，而这种蛋白质与酵母中的重要蛋白质 Atg6 同源，在自噬通路中扮演着关键的角色。因此，他们首先验证了 Beclin-1 在自噬中的作用——敲除 beclin-1 基因，细胞自噬的确无法达到原有的水平。但更有意思而且更重要的发现是，缺少了 beclin-1 基因，恶性肿瘤便会快速进展。继而，他们发现人类的散发性乳腺癌和卵巢癌患者中大约有一半的人都携带有 beclin-1 单等位基因缺失。

贝丝·莱文

自噬功能与癌症相关，这一发现开启了学界的自噬体研究热潮。贝丝也成了自噬研究的领军人物。不幸的是，贝丝自己就罹患乳腺癌，她在与病魔搏斗了很长时间后，于 2020 年与世长辞。她的学生们回忆贝丝，盛赞她是真正的引路人——她优雅、富于同情、充满魅力，总是能够引导初入科研大门的年轻人走过开始最艰难的道路。

现在，beclin-1 基因已经是人们研究得最为透彻的与自噬相关的基因。同时，学界也发现诸多重大疾病都和自噬功能的失调相关，尤其是神经退行性疾病，患者的神经细胞中通常会呈现不同的蛋白聚集体异常累积。张宏实验室就构建了一系列 EPG 基因被敲除的小鼠，复现了不同类型的神经退行性病变。随着自噬神秘面纱的步步揭开，对靶向治疗不敏感的恶性肿瘤、人们谈之色变的阿尔茨海默病等老年性疾病都迎来了新治疗的曙光。

对自噬体这块拼图的研究看上去好像只是对溶酶体研究的一个延伸，自噬捕捉到的"食物"也确实要递呈给溶酶体来最终降解。从某种意义上来说，自噬体和内吞体是分别从"内"和"外"两个方向向溶酶体输送"炮弹"的源泉。不过，自噬体这块拼图的早期发现和二十多年后东山再起的热度再一次印证了细胞应对各种环境变化的强大适应能力和精妙的调节方式。越来越多的研究显示，自噬不光在上文提到的肿瘤发生中起到重要作用，也参与了发育、衰老、和神经退行性疾病等一系列生理病理过程。自噬体研究的空白期也再一次告诉我们，是金子总会发光，只要有足够的耐心，对细胞拼图的挖掘会不断出现新的"金矿"。

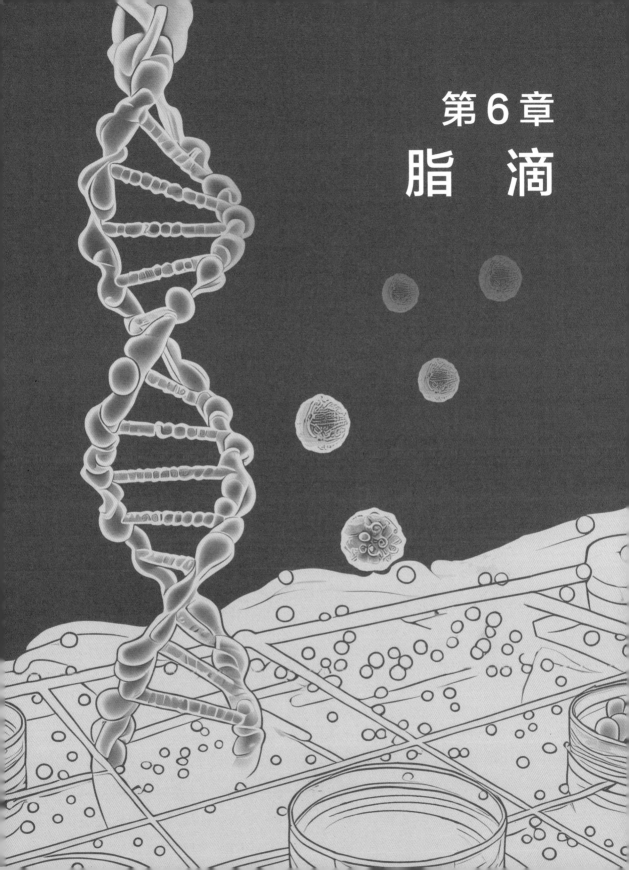

第6章
脂　滴

脂滴是细胞拼图里的一个特殊成员，它只有单层膜，看起来人畜无害，甚至像是个沉默的多余者。实际上，早在列文虎克的时代，人们就已经观察到脂滴，但了解脂滴的结构并意识到脂滴的重要功能，还是不久前的事情。

　　这一章，我们从脂滴的发现开始，依次讲述脂滴特别的结构以及在生物演化中的特殊意义，并着重介绍脂滴如何与人类的健康、疾病和感染之间的预防治疗关系。

脂滴

6.1 从牛奶到脂滴包被蛋白

要说人类认识"脂滴"的源头，恐怕可以一直追溯到 1674 年安东尼·菲利普斯·范·列文虎克（Antoni Philips van Leeuwenhoek）的显微世界。他使用原始的显微镜观察一滴牛奶，就能够看到如浩瀚星空般的脂滴。不过这也很有意思，我们讲了这么多块"细胞拼图"，脂滴好像是第一个首先在细胞的场景之外被观察到的"拼图"。

安东尼·菲利普斯·范·列文虎克

不过此时，小小的脂滴丝毫没有引起人们的注意。大约过了两百年后，1886 年，另一位科学家埃德蒙·比彻·威尔逊（Edmund Beecher Wilson）在他的《普通生物学》中描述了海胆卵子中也存在某种"油滴"。书中记载，"这些油滴在细胞活动中是完全消极的，要么是食物的留下的成分，之后会被吸收并组装到生命体中；要么是胞浆中的废渣形成的副产品……"总之，在 1674 年后的几百年时间里，人们时不时在各种细胞中观察到类似的结构，并赋予各种各样的名字，比如微粒、脂粒、脂肪体、液泡、液体载体……最后才将这些结构命名为"脂滴"（lipid droplets）。即便如此，还是很少有学者关注过这些毫不起眼的脂滴究竟有什么作用。

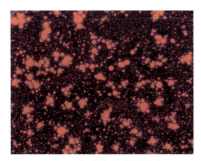

CHO K2 细胞中纯化的脂滴

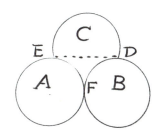

列文虎克用显微镜观察到牛奶中的脂滴而绘制的图

直到时间来到二十世纪九十年代，情况发生了变化。其实在这之前，科学家已经陆续关注到脂滴和某些蛋白质存在关联。例如，在二十世纪七十年代早期，奥古斯丁发现，将肝细胞打成匀浆，提取到的脂肪层中含有蛋白质，他认为，研究这些蛋白质是否参与脂肪分解、脂肪沉积，可能非常重要。随后，到了二十世纪八十年代，诺维科夫等人发现，某种脂肪细胞胞浆中的"脂肪球"被某种微丝结构包围。而在另一条赛道上，也差不多是在二十世纪七八十年代，一批科学家发现，从空腹大鼠体内分离得到的脂肪成分要比水溶性成分有着更高的脂肪酶活性。紧接着，另一批科学家又发现，用异丙肾上腺素刺激脂肪细胞，可以让激素敏感性脂肪酶（HSL）活性重新分配，或许这一过程对脂肪分解有着关键的作用。然而，在很长时间内，研究人员都忽略了这样一个事实，就是酶必须要和底物发生某种形式的接触才能够顺利产生作用，脂肪酶当然是和脂肪混合在一起的时候活性高，这其实并不稀奇。

　　到了 1990 年，康斯坦丁·隆多斯（Constantine Londos）带领的研究组开始探索肾上腺素对 HSL 的活化作用。为此，他们准备了很多大鼠的脂肪细胞。有一天，他们惊奇地发现，使用异丙肾上腺素处理后，原本打算丢掉的脂肪组分中有着全部的 HSL 活性，而胞浆组分中完全没有 HSL 活性。更神奇的是，异丙肾上腺素不仅能够令 HSL 移出胞浆，同时移出的还有一种 65~67 千道尔顿（kDa）的磷酸化蛋白。而进一步的研究显示，这种蛋白质围绕着脂肪细胞的脂滴，隆多斯将它命名为"perilipin"，也就是脂滴包被蛋白，或者叫围脂滴蛋白。

　　尽管隆多斯的这个重要发现遭到了知名期刊 *Cell* 的拒绝，最终这篇文章发表在知名度低很多但很经典的期刊《生物化学杂志》上。由于脂滴包被蛋白的发现，脂滴终于从"消极的""副产品"一般的幕后走到了台前，成了学界着力研究的对象。

　　前文提到的埃德蒙·比彻·威尔逊出生于 1856 年 10 月，是律师家庭的孩子。相较于法律，他更喜

埃德蒙·比彻·威尔逊

欢生物，一生都致力于动物学与遗传学研究。威尔逊之所以会关注到海胆的卵子，正是因为他希望能够搞清楚动物究竟是如何从一个细胞开始发育的。他首次描述了超数染色体，也依据生物胚胎的相似性推测认为不同生物在演化上存在某种关联。

6.2　显微镜下的单分子膜结构

随着研究的深入，大家已然相信脂滴是甘油三酯和胆固醇酯聚集而成的液滴，它广泛存在于不同的物种的不同细胞中。不仅如此，脂滴的表面还附着某些蛋白质。根据这些蛋白质的来源，科学家推测，脂滴可能是从内质网脱离下来的产物。不过，要证实或者推翻这些猜想，人们还需要能够亲眼看到脂滴的"外壳"，看清它的膜究竟是什么样子的。

读者们或许还记得，绝大部分的细胞器都是由双分子层组成的生物膜包被的，但脂滴的情况似乎有所不同。科学家最开始试着用传统的电子显微镜观察脂滴，谁料经过石蜡包埋，脂滴的膜结构完全消失了。而使用戊二醛固定进行超薄切片，只能看到脂滴周围有一条断断续续的线。

插图中是大鼠成纤维细胞中的脂滴。使用传统的电子显微术，脂滴呈现均匀的低电子密度，而脂滴表面看不到连续的、完整的线条。

既然如此，那么就得发明一种新的方法来观察脂滴的膜结构，最好这样的方法不需要使用醛或者锇酸固定，不需要酮类洗脱，以避免破坏脂滴结构。于是，藤本丰志（Toyoshi Fujimoto）带领的研究组采用了低温电镜的方法：他们首先分离脂滴，再将脂滴迅速放入液态乙烷中冷冻，令脂滴进入玻璃化冷冻态。随后在低温条件下观

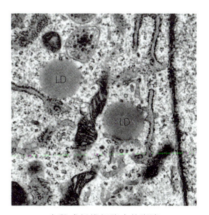

大鼠成纤维细胞中的脂滴

脂滴的单分子膜

察，就能够看到完好的脂滴，圆形的低密度区域被一条高电子密度的线包围。相较而言，双分子膜包被的脂质体用同样的方法观察到的就是两条高电子密度的线。

至此，人们亲眼看到了脂滴的膜。脂滴不同于其他细胞器，它只有单分子膜。

6.3 生命起源于一滴油

生命是如何起源的？这个根本性的问题时常困扰着科学家。我们可以顺着生物演化的路径回溯到单细胞生物，甚至可以继续回溯到某一种不具备细胞结构但足以被称为生命的存在。科学家将这种形态未知的、足以演化形成现今广袤生命世界的存在称为最后共同祖先（LUCA）。即便如此，我们仍然需要解答一个问题：无机世界是如何一步步演变出 LUCA 的？或者说，究竟需要具备什么样的特征，才能够成为 LUCA？

按照一般的理解，生命应当具备自组织、自催化、可遗传三个特征。不过，设想一下能够自催化、不断成长的矿物晶体，或者在有限的扰动下依然能够勇往直前的飓风，我们发现只有"可遗传"才是决定生命不同于无机物的关键特征。那么，这一特征究竟是如何实现的呢？

最容易想到的假说便是RNA世界学说。这个学说认为，最早产生的、自发的自我复制系统就是RNA大分子。如同现在的众多生命那样，RNA能够承载遗传信息，还具有酶活性，能够组装形成下一代。并且，从RNA分子到现今的生命形态，RNA未曾有过剧变，看起来一切顺理成章。但是，RNA大分子又是从何而来呢？假设最初的RNA分子从"原始汤"而来——一个温暖的小池塘，有氨和磷酸盐，外部有充足的光、电、热……即便如此，RNA看起来依然太过复杂，不太可能从一堆无机物中自然产生。RNA即便产生了，这种高度不稳定的分子也很难持续存在，尤其是以裸露的形态，更不要说还需要聚集一堆核苷酸才能够进行复制。至于有没有可能因为彗星的撞击，我们就忽然拥有了最初的生命形态，这恐怕也不太可能。彗星在穿越大气层的时候，那些生命就已经燃烧殆尽，分解成无数非常初级的分子，也就不可能直接利用原始汤开始自我复制。

既然如此，不妨换一条思路：生命有没有可能最开始只是一滴油？准确地讲，生命最开始或许只是一颗液态碳氢化合物形成的微球。这些微球很自然地能够在水中形成，而在油水界面上，一些具备催化活性的简单分子会出现。这些分子可以被视作原始的"辅酶"，它们能够自我复制，也能够借助催化活性改变油滴表面的性状。至今，我们仍然可以看到的一些结构简单、亲脂的辅酶，比如类胡萝卜素或许就是远古的遗存。

借由辅酶，碳氢化合物分子的末端可以被催化发生氧化反应，从而令化合物变得具有亲水性。这样，微球表面的性质就发生了改变，反过来又可以催化反应加速。由于碳氢化合物的氧化，极性脂质开始渐渐出现。与此同时，这些脂质微球可以根据相似相溶原理，非常自如地融合与分解，通过这样的方式，微球表面的性状也就得到了复制，也可以说是某种不同于现代语境下的"遗传"。

地球生命的起源

一种胡萝卜素的结构式

　　更重要的是，随着极性脂质的形成，解释双分子膜结构也就变得顺理成章。某一天，水流进了微球内部，微球自然会因为张力形成读者们非常熟悉的双分子膜结构。至此，一个完善的、相对稳定的封闭环境形成，细胞的雏形也就诞生了。据推测，这种双分子膜最初可能是由双分子脂肪酸构成的，而不像现在的细胞膜是由双分子磷脂构成的。

6.4 "根治" 肥胖

从发现脂滴包被蛋白到现在，时间其实并不久。短短三十多年间，人们的生活质量有了飞速的提高，营养过剩造成的肥胖成了新的问题。于是，科学家开始将目光投向古老又不断在科学领域焕发生机的脂滴。

我们已经知道"可恶"的甘油三酯、胆固醇酯存在于脂滴里，又知道脂滴表面的脂滴包被蛋白不仅是脂滴单层膜的重要成分，它还能够保护脂滴免遭分解……那么，假设我们去除脂滴包被蛋白，是不是就可以解决肥胖问题了呢？

科学家确实进行了这样的实验。科学家敲除小鼠体内编码脂滴包被蛋白的基因，得到 peri-/- 小鼠。接着，他们饲养这些没有脂滴包被蛋白的小鼠和正常的野生型小鼠，投喂同样的植物饲料。结果发现，peri-/- 小鼠确实很少累积脂肪。同野生型小鼠相比，peri-/- 小鼠的脂肪组织只有前者的 30% 左右，而分离出来的脂肪细胞也显示，

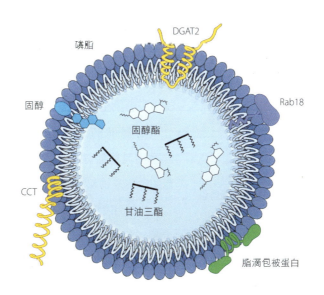

脂滴的模式图

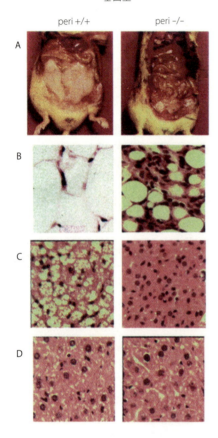

基因型

peri +/+   peri -/-

A

B

C

D

脂滴包被蛋白基因缺失小鼠的大体表型

野生小鼠和基因缺失小鼠腹腔的代表性照片A。图中动物为体重匹配的同窝仔。另外三组图分别为苏木精－伊红染色切片白色脂肪组织B、棕色脂肪组织C和肝脏D。（插图来源：*Proc Natl Acad Sci U S A* 期刊）

因为失去了脂滴包被蛋白的保护作用，peri-/-小鼠有着更高的脂肪分解水平。

我们从插图中可以看到，在同样的饮食条件下，peri-/- 小鼠腹腔内没有野生型小鼠那样厚厚的脂肪层，白色脂肪组织、棕色脂肪组织和肝脏切片中都没有明显的脂肪沉积。随后，科学家又将小鼠的食物更换为高脂肪饮食。经过七周的投喂，两种基因型的小鼠都比食用植物饲料的小鼠胖了一些。但是，毫不意外的是，peri-/- 小鼠相较于野生型小鼠，其高脂肪饮食条件下多累积的脂肪仅仅是后者的 25%。由此可见，peri-/- 小鼠确实能够对抗饮食诱导的肥胖。

到这里，大家或许已然欢欣鼓舞，只需要敲除脂滴包被蛋白基因，便可以实现狂吃不胖的美梦。然而，另一个问题产生了：peri-/- 小鼠出现了胰岛素抵抗的倾向。

14 周龄的雄性小鼠禁食过夜以后，科学家向其腹腔注射 1g/kg 体重的葡萄糖，随后在 15 分钟、30 分钟、60 分钟、90 分钟、120 分钟和 150 分钟时测定血糖浓度。结果发现，peri-/- 小鼠的血糖和血液中的胰岛素含量都显著高于野生型小鼠，表现出胰岛素抵抗、类似 2 型糖尿病的特征。

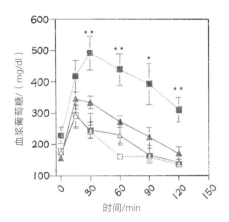

野生型和脂滴包被蛋白基因缺失的小鼠的体重曲线

与野生型小鼠相比，PERI 基因缺失的动物表现出更大的葡萄糖不耐受倾向。14 周龄雄性同窝小鼠（野生型和脂滴包被蛋白基因缺失的小鼠）禁食过夜，其腹腔被注射了 1g/kg 的葡萄糖。使用血糖仪在注射后指定时间测量血浆葡萄糖值。三角形表示野生型小鼠，正方形表示 PERI 基因缺失的小鼠，空心符号表示体重低于 30 克的动物，实心符号则表示体重大于 30 克的动物。

到这里，靠消灭脂滴包被蛋白治疗肥胖症的美梦就基本破碎了，毕竟 2 型糖尿病同样会导致严重的健康问题。更关键的是，科学家随后在几个白人家族中发现了自然存在的脂滴包被蛋白突变——他们体内的脂滴包被蛋白因为异常的编码，导致变异的脂滴包被蛋白无法抑制脂肪的分解，所以他们的皮下脂肪组织表现出显著偏小的脂肪细胞。然而，尽管他们体重正常、脂肪含量较低，但和那些胰岛素抵抗的患者相仿，他们的脂肪组织表现有明显的巨噬细胞浸润和纤维化。所以，脂滴包被蛋白绝非什么肥胖的罪魁祸首。相反，它有着重要的生理功能，一旦脂肪的代谢受到扰动，人体将可能出现严重的胰岛素抵抗和血糖调节问题。

6.5 从脂肪到胰岛素

尽管人们靠敲除脂滴包被蛋白基因实现减肥的计划已经宣告破产，但脂肪代谢与胰岛素、糖代谢之间的关联引起了科学家的浓厚兴趣。在临床上，异常的血糖状态向来是糖尿病的诊断标准。但从机制上，似乎胰岛素抵抗与游离脂肪酸浓度的升高有着密切的关联——外周血中的脂肪酸理论上应当主要被肝脏和肌肉摄取，以甘油三酯的形态储存在脂滴里，并进入后续的代谢循环。这个平衡一旦被打破，胰岛素靶细胞中将出现异常累积的脂肪酸代谢物，最终导致胰岛素抵抗的发生。于是，有科学家指出，其实糖尿病从根本上来说是脂质代谢疾病而非糖代谢疾病。

既然如此，那么或许可以试试对细胞内特异性的脂肪酸结合蛋白（FABP）动手。科学家选择了脂肪细胞代谢脂肪尤为关键的蛋白 aP2，并同时敲除了能够补偿 aP2 功能的同种蛋白 mal1。

结果，基因敲除小鼠和野生型小鼠比起来，简直太"健康"了！用同样的食物饲喂小鼠，基因敲除小鼠就算食用高脂肪食物，也不会像野生型小鼠那样变得肥胖，它们的体脂甚至没有因为饮食的变化而发生明显的增加。而糖耐量测试同样显示，野生

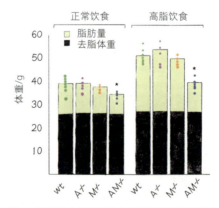

aP2-mal1 缺陷小鼠与正常小鼠的体重脂肪量统计

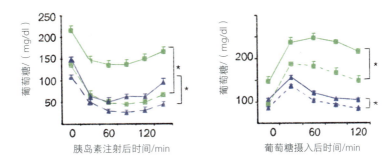

aP2-mal1 缺陷小鼠与正常小鼠的糖耐量统计

实线是野生型小鼠,虚线是基因敲除小鼠;三角形是常规饮食,方块是高脂肪饮食。

型小鼠已然表现出肥胖相关的胰岛素抗性和血糖异常,而基因敲除小鼠仍然有着很好的胰岛素敏感性,血糖也没有发生异常。并且,在野生型小鼠因为高脂肪饮食发生脂肪肝的同时,基因敲除小鼠的肝脏仍然十分"精瘦",和常规饮食条件下的肝脏看起来并没有什么区别。

既然如此,人类变得超级健康似乎又有了希望,只是我们不可能给自己敲除这两个基因。那么,用某个分子阻断脂肪酸结合蛋白的功能会怎么样呢?科学家进行了这样的试验,使用一种口服的小分子药物,特异性地抑制小鼠体内的 aP2 功能,结果发现,小鼠果然变得健康了一些!这种小分子药物不仅抑制了 2 型糖尿病和脂肪肝的进展,还能够改变血管损伤的进程:原本吞噬了大量脂肪的巨噬细胞会成为某种泡沫细胞,推动动脉粥样硬化的进展。而服用 aP2 抑制剂后,小鼠主动脉粥样硬化发生了显著的改善。

另外,也有科学家关注基因敲除小鼠和野生型小鼠体内脂肪酸的差别。经过仔细的分析,他们发现,在给予高脂肪饮食后,野生型小鼠的脂肪组织中棕榈油酸的含量显著下降,而基因敲除小鼠没有这样的变化,并且它们血浆中棕榈油酸的含量要比野生型小鼠高出四倍。进一步的研究显示,棕榈油酸能够减弱 SCD-1(一种脱氢酶)前体的活化,来自脂肪组织的棕榈油酸一旦抑制肝脏中 SCD-1 的表达,脂肪肝的进展就

$$CH_3(CH_2)_{13}CH_2 - \overset{\displaystyle O}{\overset{\|}{C}} - OH$$

棕榈酸（一种饱和脂肪酸）

$$CH_3(CH_2)_4CH_2 - CH = CH - CH_2(CH_2)_5CH_2 - \overset{\displaystyle O}{\overset{\|}{C}} - OH$$

棕榈油酸（不饱和脂肪酸）

会被大大减轻，机体对胰岛素的敏感性也会显著上升。与此同时，棕榈油酸氢化后的棕榈酸能够起到相反的作用。尽管啮齿类动物与人类仍然有着很长的距离，但至少，这样的结论暗示着饮食上的建议，也指明了对付肥胖相关疾病的方向。

6.6　低密度脂蛋白与PCSK9

与细胞里脂滴相似的结构，在血液里叫脂蛋白，也是单分子膜包被中性脂质核心的颗粒。要是大家关注自己的体检报告，一定会关注到血脂方面的指标有好几项。

如果低密度脂蛋白胆固醇（LDL-C）偏高，比如下面这个例子，医生一定会告诉你要调整饮食。如果我们再到网上搜索一番，大抵就会发现 LDL-C 是臭名昭著的"坏胆固醇"。

*总胆固醇 参考范围：< 5.2	6.21 ↑ 单位 mmol/L	
*甘油三酯 参考范围：< 1.7	2.36 ↑ 单位 mmol/L	
*高密度脂蛋白胆固醇 参考范围：> 1.0	1.27 单位 mmol/L	
*低密度脂蛋白胆固醇 参考范围：< 3.4	4.28 ↑ 单位 mmol/L	

体检报告中的常见血脂指标

实际上，低密度脂蛋白只是一些专门运输胆固醇的工具，它们将胆固醇和甘油三酯从肝脏搬到有需要的组织，亲水性的载脂蛋白覆盖在包裹甘油三酯和胆固醇的单分子膜表面，令它们能够在血液中流动。一旦血液里 LDL-C 太多，就很容易沉积在动脉壁上，尤其是当这些"满载的小车"又迷你又多，动脉壁很容易沉淀下油脂的斑块——动脉粥样硬化，导致血管堵塞和血栓，这就是引起世界 1/3 死亡人数的心血管疾病的元凶。

虽然大部分高 LDL-C 都可以通过饮食和药物来控制，但效果不是很理想。另外，很不幸，医生们发现了一些用尽浑身解数都无法控制的高胆固醇血症患者，他们的身体似乎没有办法很有效地回收 LDL-C。与此同时，还有一些和"超级健康"小鼠相仿的"超级健康"人，他们的 LDL-C 特别低，患上冠心病、动脉粥样硬化的概率也比普通人要低很多。2006 年，有科学家发表了一份报告称，在 9524 位白人受试者中，有 3.2% 的受试者携带有 PCSK9 功能缺失的突变，这些"天选之子"的血液中 LDL-C 的平均浓度下降了 15%，患上冠状动脉心脏病的风险下降了 47%；而在 3363 位非裔美国人受试者中，有 2.6% 的受试者携带有 PCSK9 功能缺失的突变，他们的血液中 LDL-C 的浓度下降了 28%，而患上冠状动脉心脏病的风险下降了 88%。

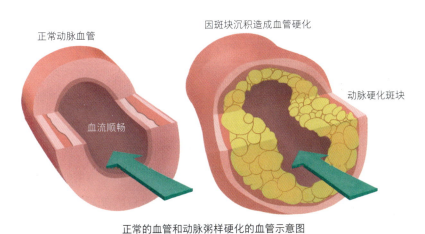

正常的血管和动脉粥样硬化的血管示意图

那么，PCSK9 是什么呢？PCSK9 是一种分泌型丝氨酸蛋白酶。PCSK9 主要出现在肝脏中，在肠道和肾脏也有所分布。正常情况下，肝细胞表面存在低密度脂蛋白受体（LDLR），专门结合血液中的低密度脂蛋白（LDL），用于吸收和回收 LDL。肝细胞 LDLR 将 LDL 回收进入肝细胞，LDL 经过分选进入溶酶体分解消化，而 LDLR 再度回到肝细胞表面，等待下一个 LDL。PCSK9 能够结合 LDLR，使其也能进入溶酶体分解，令血液中的 LDL 无法被肝细胞有效回收。可想而知，这种情况下血液中的 LDL-C 将大大增加，导致严重的心血管疾病。

按照这样的思路，只需要人为地制造出 PCSK9 功能缺失，就能够完美应对 LDL-C 过高的情况。于是，新型的降脂药物就出现了—— 一种药物是单克隆抗体，特异性地结合 PCSK9，令 PCSK9 无法结合到 LDLR 上，从而令 LDL-C 能够顺利地被肝脏回收；另外一种是小分子干扰 RNA，能够显著降低 PCSK9，也能促进 LDL-C 的肝脏回收。

6.7　脂滴、病毒和细菌

随着人们对脂滴了解的加深，脂滴在大家的心目中不再是一滴平平无奇、甚至无甚作用的油脂了。相反，在众多生理过程中，特别是在病毒和细菌的入侵中，脂滴扮演着重要的角色。

以丙肝为例，丙肝不像乙肝那样能够通过疫苗注射防护，它的基因型相当多变，很难用疫苗预防所有变异株。丙肝在感染的最初阶段往往没有什么症状，随后，会出现低热、倦怠、食欲不振等非特异性的症状，患者往往直到肝脏出现严重受损、甚至纤维化以后才察觉自己患有丙肝。为了探索丙肝病毒（HCV）的生活周期，科学家试着在体外培育 HCV 核心蛋白，结果发现，脂滴似乎在 HCV 病毒的复制中扮演着关键角色——HCV 核心蛋白能够募集非结构蛋白和复制复合物到脂滴相关的膜表面，完成病毒复制。与此同时，HCV 核心蛋白还在肝脏的脂肪累积中有着重要作用。科学家推

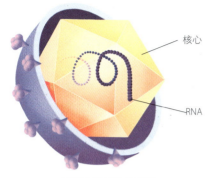

核心

RNA

丙肝病毒结构模式图

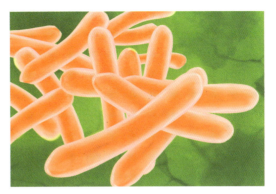

结核分枝杆菌

测，HCV 核心蛋白能够抑制胞浆内甘油三酯转移蛋白的活性，从而导致甘油三酯的累积，进而推动肝脏发生病变。治疗 HCV 感染的药物有着比较强烈的副作用，若是从 HCV 核心蛋白与脂滴、脂肪代谢的密切关联下手，或许可以开发出更高效、更安全的药物。

另一种与脂滴"狼狈为奸"的典型代表则是结核分枝杆菌。

结核分枝杆菌能够引起人类的结核病，其中以肺结核最为常见。这种病菌感染了全世界大约 1/3 人口，尽管大部分感染者都没有症状，但如果没有接受及时的、适当的治疗，潜伏感染者可能会成为开放感染者，他们不仅会出现咳嗽、咯血、潮热、消瘦等症状，还能够将病菌通过飞沫传播给健康人群。人类很早就有关于结核病的记载，这种病菌有着独特的"求生"技能，并不容易被药物杀灭。近几十年来，随着人们对脂滴了解的加深，结核分枝杆菌的"生活史"也逐渐被揭秘——它能够躲在巨噬细胞中，利用巨噬细胞中的脂滴获取能量，又能够从巨噬细胞中摄取细菌生存必需的铁元素，从而生生不息。

一般来说，巨噬细胞是人体最关键的天然免疫细胞，它一旦察觉入侵者，就会吞噬病原体，结核分枝杆菌也不例外。但是，结核分枝杆菌被吞噬后能够引导巨噬细胞内部的脂滴再分布，集中到吞噬小泡周围。接着，分枝杆菌就攫取巨噬细胞脂滴中的

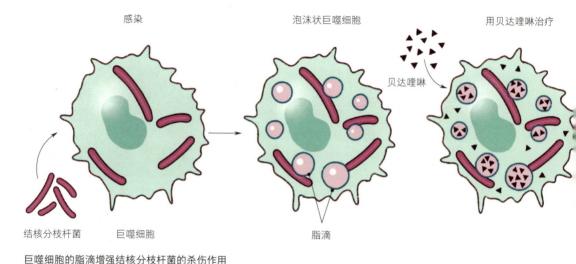

感染　　　　　　　　　　　　泡沫状巨噬细胞　　　　　　　　用贝达喹啉治疗

贝达喹啉

结核分枝杆菌　　巨噬细胞　　　　　　　　　　脂滴

巨噬细胞的脂滴增强结核分枝杆菌的杀伤作用
结核分枝杆菌感染巨噬细胞后诱导脂滴形成，形成泡沫状巨噬细胞。

甘油三酯作为自己能量和碳的来源。很快，分枝杆菌所在的吞噬体中就累积起很多油脂，源源不断地为分枝杆菌提供"燃料"。

另外，细菌的存活和繁殖还需要铁元素。人体通过将 80% 以上的铁隔离到血红蛋白中，这样细胞外就会保持缺乏游离铁的状态，从而抵挡病原体的入侵。

而分枝杆菌被吞噬以后，它能够组装起分枝杆菌素，这种物质可以轻易地穿过细胞膜，分布到宿主细胞的脂质成分中。随后，分枝杆菌素能够结合巨噬细胞内部的铁，再次富集到脂滴上，进而移动到分枝杆菌所在的吞噬小泡附近。

这样，结核分枝杆菌不仅没有被巨噬细胞杀灭，反而从巨噬细胞这里获取了充足的营养和必需的元素。

在这整个过程中，巨噬细胞的脂滴都起到了关键的作用。所以，要想顺利搞定结核分枝杆菌，就必须从脂滴着手。

治疗结核病的新药贝达喹啉就是基于这样的思路：贝达喹啉具有很好的亲脂性，半衰期也够长，能够在巨噬细胞的脂滴中富集。而结核分枝杆菌一旦想要从脂滴中汲

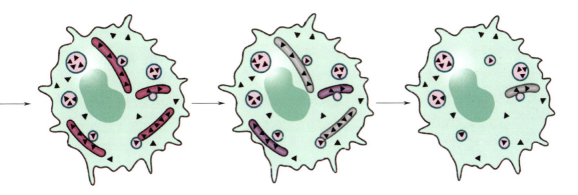

结核分枝杆菌吸收贝达喹啉　　　　　　　　　　贝达喹啉导致结核分枝杆菌死亡

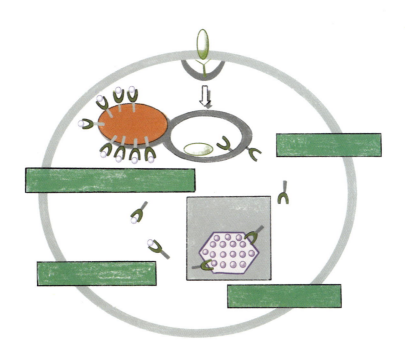

结核病的新药贝达喹啉的作用机制示意图

取营养，就会接触到贝达喹啉，进而被贝达喹啉杀灭。采用这样的方法，多重耐药的结核分枝杆菌被迫败下阵来，真是成也脂滴、败也脂滴。

小结

　　脂滴这块拼图简单而复杂，简单在于其构造，比如组建方式和主要组分，而复杂又在于其生理病理的相关性。脂滴拼图的挖掘历程告诉我们，细胞里发现的一些现象或过程到了个体的生理层面，情况可能又会复杂很多。当然还有一个读者们很关心的道理，就是虽然人类的减肥愿望普遍非常强烈，但减肥之路非常艰辛，没有什么捷径可以走。

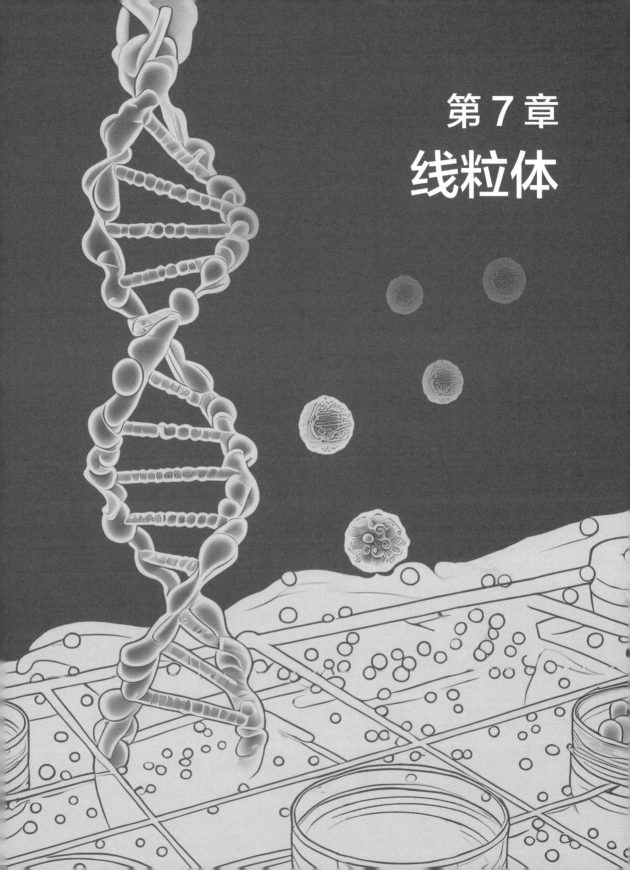

第 7 章
线粒体

正如人体需要饮食以获取营养进而保持活力，组成人体的单个细胞也是如此，而线粒体就是细胞中高效处理能源物质、高速提供能量供给的工厂。各种可被利用的有机物经由线粒体，转化为生命世界的通用能量货币——三磷酸腺苷（ATP）。

线粒体这座工厂规模宏大、结构精巧，是人们较早注意到并记录的细胞拼图之一。尤为有趣的是，这座工厂有着一套独立的"建设蓝图"，宛如神秘来客留下的印记。线粒体究竟是细胞自行演化形成的结构，还是被细胞驯化并共生的外来生命体？除了生产能量，它还扮演着哪些神秘角色？围绕着线粒体的"个性"，科学家提出了诸多假说。看来，这块拼图注定不平凡。

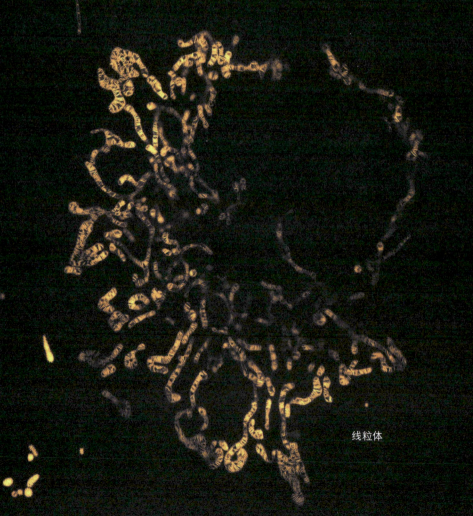

线粒体

7.1 "硕大"的细胞器

　　线粒体最明显、最直观的特征就是"大"。当然，细胞世界中的"大"也只是相对而言，我们依然要借助高倍光学显微镜才能看到线粒体，毕竟它的直径不过0.5~1.0微米。但线粒体的折射率较高，在透明的细胞成分中相对易于分辨，使它成为科学家较早观察记录并深入研究的一种细胞器。

　　正如同细胞结构的发现，线粒体的发现也是科学家合力探索、步步推进的结

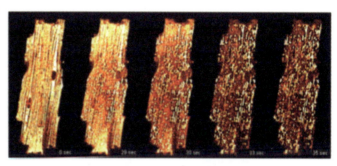
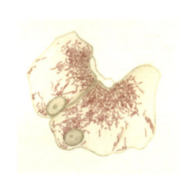
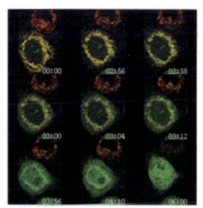

十九世纪到二十一世纪科学家记录的细胞及线粒体图像
左上：翅肌肉细胞；左下：青蛙肝脏细胞（下）中的"Bioblasts"；右上：犬心肌细胞；右下：人肺癌细胞。

果。早在 1857 年，瑞士解剖学家和生理学家阿尔伯特·冯·科立克（Albert von Kölliker）就在横纹肌细胞中发现了规整排列的颗粒状结构。1886 年，理查德·阿尔特曼（Richard Altmann）发明了鉴别这些颗粒的染色方法：在温和加热条件下，使用酸性品红和苦味酸处理标本，可以清晰地标记这些颗粒。借助这一技术，他清晰地观察并记录了这些颗粒在多种细胞中的存在与分布。

阿尔伯特·冯·科立克

基于形态和结构的共同特点，阿尔特曼做出了大胆而前卫的推测：这些颗粒和细菌相似，可能是共生于细胞内独立生活的细菌。于是，阿尔特曼在 1890 年出版的著作《基本有机体及其与细胞关系》中，将这些颗粒命名为"原生粒（Bioblasts）"。现在知道近似正确答案的我们，如果穿越时光和阿尔特曼相遇，一定会相视一笑，对他投以钦佩的目光。在对线粒体几乎一无所知的情况下，他的推测竟然和正确答案十分接近了。

卡尔·本达

然而关于这些奇特颗粒的具体命名却要等到 1898 年。德国科学家卡尔·本达（Carl Benda）是最早使用显微镜研究细胞内部结构的微生物学家之一。他使用结晶紫作为染色剂，发现真核细胞的细胞质中存在着数百个这样的微小结构。于是，他做出假设，认为这些微小颗粒增强了细胞活力。由于这些微小颗粒倾向于形成长链，本达用希腊语中的"线"和"颗粒"，即"mitos"和"chondros"组成"mitochondrion"这个单词，来命名这些在细胞中时而呈现线状、时而呈现颗粒状的结构。"mitochondrion"也被人们精确地翻译为"线粒体"，结合了这个细胞拼图的两种形态特征，这个名字被沿用至今。

前面提到的品红、苦味酸和结晶紫染色无法鉴定线粒体是否具有活性，而德国的化学家莱昂诺尔·米凯利斯（Leonor Michaelis）发明的健那绿染色法可以标记出具有活性的线粒体。健那绿 B 是脂溶性染料，能够跨越细胞中的膜系统；线粒体内膜上的细胞色素 c 氧化酶能氧化该染料，从而呈现蓝绿色；而在细胞质内，染料则呈现无色的还原态。线粒体在健那绿 B 染液中能够存活数个小时，因此可以直接利用光学显微镜观察线粒体在细胞生命过程中的状态，包括形状、大小、数量、分布和运动等重要参数。通过观察健那绿 B 颜色的变化，米凯利斯推测，线粒体能够参与细胞中的某些氧化反应。

米凯利斯实验的成功在于他选择了在人体中需要大量能量的肝脏细胞，其中线粒体的数量相较其他组织更为丰富。我们在讲述生物膜由双层脂质构成的故事中，已经窥见生物学实验中"合理选材"的关键性，这样的例子在细胞拼图故事中会反复出现。

米凯利斯是一名在德国出生的犹太人，他自幼受到老师鼓励，利用学校中几乎无人使用的实验室进行物理和化学实验。由于担心作为纯科学家会产生经济来源稳定性的问题，他于 1893 年在柏林大学开始进行医学研究，一生中辗转于弗莱堡、柏林市立医院、柏林大学、日本名古屋大学、巴尔的摩约翰斯·霍普金斯大学和纽约洛克菲勒医学研究所，并最终退休。

米凯利斯还在德国的时候，曾经坚决反对当时学术界权威埃米尔·阿布德哈登（Emil Abderhalden）。当时，阿布德哈登认为，检测尿液中的胱氨酸就可以判定妊娠与否。接着，又提出了一种"防御酶"理论，认为免疫刺激会导致蛋白酶产生，进而可以用来诊断早老性痴呆。实际上，阿布德哈登的这些理论很快被实验推翻。可是在德

莱昂诺尔·米凯利斯

国，阿布德哈登是生物化学的创始人之一，拥有不可动摇的权威，并且，阿布德哈登的理论为当时强烈的纳粹意识形态所用，反对这一套理论需要付出惨重的代价。屈从于政治和权威，有相当多的科学家通过筛选有利的数据、有意抛弃那些负面的结果来支持这些理论。而富有良知的米凯利斯则直截了当地表示无法重复阿布德哈登的实验结果，为此，米凯利斯也失去了在德国科学界立足的可能，被迫出走国外从事科学研究。

纳粹政党或许可以打压正义的科学家，可以在当时的科学界作威作福，但终究无法以伪造的实验结果磨灭真正的科学。尽管在当时，只有以米凯利斯为代表的极少数人对"防御酶"理论提出了严厉的批评，但历史最终证明，处心积虑创造一个专有名词并为之不断矫饰和隐瞒，为政治欺诈服务，必将遭到世人的唾弃、进入历史的垃圾堆。为了防范"防御酶"骗局的再次发生，我们需要更多的科研人员像米凯利斯一样坚定自己的科学信念。

随着对线粒体拼图的不断挖掘，科学家发现这个细胞器有外膜和内膜，和革兰氏阴性菌的膜结构很相似。线粒体内膜又很特别，有大量向内折叠成"嵴"。"嵴"的好处是增加内膜面积，可以容纳更多的蛋白质附着于内膜，以更有效地催化化学反应。

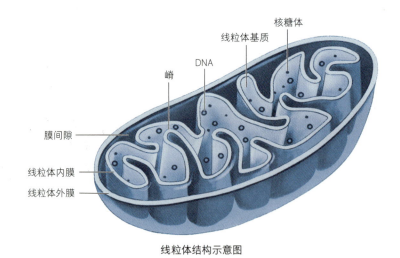

线粒体结构示意图

我们现在知道线粒体内膜有膜电位，是 ATP 合成的重要场所。由内膜包裹的内部空间所包含的物质叫线粒体基质，其中含有大量的蛋白质——酶，参与一系列重要的生化反应。

7.2 细胞中的"外星人"

正如上一节的介绍，科学家观察到细胞中的颗粒状线粒体后，就注意到它们的形态特点及生理生化特征与所处的细胞内环境格格不入。

阿尔特曼早在 1890 年就提出线粒体（当时他命名为"原生粒"）看起来更像是共生在细胞中的细菌。可惜的是，这一天才假说并未得到当时科学界的认可，甚至受到了无数的质疑与批评。这给阿尔特曼带来了巨大的打击，导致他后来一直在办公室中"隐居"，甚至获得了"鬼魂"的外号，并最终因为精神疾病去世。天才的人生是孤独的，天才的遭遇是悲剧的，但天才的研究成果在科学发展历史上灿若星辰、闪耀百年。深居简出、与世隔绝的阿尔特曼一直没有放弃自己的科学研究。1889 年，他通过一系列精巧的生物化学方法去除了细胞核中的蛋白质成分，发现剩余的物质是富含磷且呈酸性的，并创造了"核酸"（nucleic acid）一词。这位当时被科学界舆论抨击的"科学怪人"，最终成为被历史所铭记的伟大生物科学家之一。

阿尔特曼的细菌假说其实为线粒体起源提供了极其有价值的线索，但线粒体起源的认知其实是受到叶绿体研究的极大推动。当时，有一批俄国科学家开始注意到植物细胞中的叶绿体可能起源于植物细胞外部。比如，安德雷·谢尔盖耶奇·法明茨恩（Andrei Sergeevich Famintsyn）从植物细胞中将光合作用的能量转换器叶绿体分离出来，试图使叶绿体在离体环境下生长，实验结果从侧面反映出叶绿体可能来自被细胞吞噬的细菌。随后，康斯坦丁·谢尔盖耶维奇·梅里日可夫斯基（Constantine Sergeevich Merrykovsky）提出了双原生质理论，他认为细胞器来自细胞内部新的细胞，叶绿体起源于古时特殊的蓝绿藻，这种理论的实际内核也认为细胞和叶绿体是内共生关系。而波利斯·库佐·波利延斯基（Boris Kozo Polyansky）则认为细胞运动性源于共生。

在这场"叶绿体究竟来自哪里"的研究潮流中，康斯坦丁·麦斯克沃斯基（Konstantin Mereschkowsky）是里程碑式的一位科学家。1905 年，他率先提出，叶绿体是由原先的内共生体形成的，细胞器、细胞核和叶绿体是细菌的后代，它们与变形虫形成细胞内共生体。

麦斯克沃斯基的观念可能存在数个源头。一方面，他是地衣研究专家。二十世纪前后，他建立了一个规模相当大的地衣标本馆，收藏了 2000 多个从俄国、奥地利和地中海地区周围采集的标本，至今藏品仍保存在喀山大学。地衣是由一种真菌和藻类共生形成的生命形式，这样的现象可能启发了他的共生理论。另一方面，麦斯克沃斯基又是进化论的反对者，他坚持认为，自然选择不能解释生物的多样特征，外源微生物的获取和遗传才是关键。

随着实验研究的进行和证据的积累，科学界再度关注到线粒体的起源问题。美国生物学家伊万·伊曼纽尔·沃林（Ivan Emanuel Wallin）进行了辅佐证明线粒体起源的首个实验。他分离胎兔和新生兔肝脏的线粒体进行培养，指出线粒体作为细胞器来源于独立的细菌，其共生关系起源于系统进化之初，他还假设新的共生复合体的建立与

康斯坦丁·麦斯克沃斯基

伊万·伊曼纽尔·沃林

新物种的发展并存。可惜，他在哥伦比亚大学汇报这一颇具前瞻性的学说时，遭到了与会者的质疑，他们认为，沃林提取的线粒体受到了污染，产生的结论自然是不可信的。沃林一生都沉浸在线粒体研究中，以至于获得了一个神奇的绰号——线粒体人。线粒体人自然有着不同于标准人类的特立独行之处——他不喜欢传统讲课，而是喜欢实际演示。他喜欢玩游戏和饮酒，热衷于给学生们举办聚会，学生们也帮助他在博尔德市以北 30 多千米的北圣夫兰峡谷建造了小屋，称作沃林俱乐部。沃林每年都会举办一次圣诞酒派对，经典的瑞典美食如腌鲱鱼沙拉、炸鳕鱼和热红酒等是派对上的招牌食物。

四十多年后，内共生理论才真正完整地形成。理论的正式提出者是美国著名的女生物学家林恩·马古利斯（Lynn Margulis）。1967 年，马古利斯刚刚成为波士顿大学的年轻讲师，随即写了一篇题为《论有丝分裂细胞的起源》的论文。然而，这篇论文曾被多家期刊拒绝，最终，这篇划时代的论文被《理论生物学杂志》（Journal of Theoretical Biology）刊发，被誉为当今现代内共生理论的里程碑。

1970 年，马古利斯又出版了《真核细胞的起源》这本书，她在书中明确而详尽地提出了内共生学说，她认为原核生物在某些特殊的情况下吞入了一些好氧的细菌，这些细菌（原线粒体）在长期与原核生物共存的情况下逐步发展演化起来，并且没有被分解与消化，而是与寄主之间达到了一种默契，产生相互适应的关系，形成一种寄主提供营养而原线粒体提供能量的互利共生状态，随着时间的推移而逐渐进化成线粒体。

马古利斯的科研道路也并非一帆风顺。自她提出内共生理论以来，科学界不断地驳斥、不断地批评，但她坚持不懈、孜孜不倦地完善并推广自己的学说。内共生学说拥有很多可靠的证据，例如，低等动物草履虫中含有蓝藻共生体，水螅中含有绿藻

林恩·马古利斯

共生体；又例如，线粒体、叶绿体的内外膜有显著差异，内外膜之间充满了液体，而且内外膜的化学成分是不同的。而更直接的证据则诞生于1978年，罗伯特·施瓦茨（Robert Schwartz）和玛格丽特·戴霍夫（Margaret Dayhoff）通过实验确认了来自细菌的线粒体和来自蓝细菌的叶绿体的进化树序列信息，这为内共生学说提供了坚实的实验证据。到了二十世纪八十年代初期，科学家又进一步发现，线粒体和叶绿体的遗传物质与共生体的核DNA的遗传物质显著不同。至此，内共生学说逐渐开始被广泛接受。

即便如此，马古利斯的内共生学说也并非无懈可击。真核细胞的鞭毛来自细胞体外的螺旋体吗？甚至真核细胞的细胞核也源于外来的某种微生物吗？乃至真核细胞是一系列细菌组装的结果吗？内共生学说没有办法解释这些生理现象或者代谢活动。

迄今为止，关于内共生起源的争论仍然存在，最大的争议来自它和演化思想的矛盾。按照进化论的观点，在内共生过程中，拥有先进氧化代谢途径的好氧细菌无疑应该占优势，但是马古利斯的内共生学说却认为好氧细菌反而逐步丧失了独立自主性，并将其遗传信息成批地转移到了宿主细胞中。同时，内共生学说也不能清楚地解释细胞核这样一个控制生命活动最主要的细胞器是如何起源的。

于是，在驳斥内共生学说的过程中，科学家集思广益，形成了另一种理论——非共生学说。目前来看，这两种截然不同、彼此对立的学说都有各自的拥护者，两个派系的科学家通过理论模型和实验数据对这两种学说都有一定的证实，但究竟细胞中是如何形成线粒体这一特立独行的"外星人"的？这个问题尚且没有定论，有关内共生和非共生的科学争论仍将继续进行下去。

但相较而言，由于共生是生物界的普遍现象，而且在灰孢藻等个体分析方面、线粒体和叶绿体的DNA遗传信息方面、核糖体复制方面，以及细胞膜化学成分差异方面，有关内共生起源的实验证据相对较多，支撑体系较为完备。就线粒体而言，内共生学说是目前的主流观点。相信在不久的将来，随着越来越多实验证据的发现和相互印证，一定会有更加合理和完善的学说出现，在那时，内共生或非共生的争执才会真正结束。

那么是否存在没有明显线粒体结构的真核细胞呢？答案是肯定的，在自然界存在一千种以上的单细胞真核生物，它们没有线粒体，其中的代表物种包括能够引发人们腹痛、腹泻的鞭毛虫。这些缺乏线粒体的致病寄生虫一度被科学家认为是真核细胞演化早期的过渡阶段产物。但随着在过去的十几年间基因测序技术、基因组学的突破，以及生化技术的进展，科学家逐渐意识到它们并非是所谓的演化中间形态。与之相反，它们来源于形态与结构更复杂的真核生物，其祖先曾拥有包含线粒体在内的多种细胞器和亚细胞结构。这看起来似乎有些不可思议，因为这类没有线粒体的单细胞真核生物在命运抉择时选择了"断舍离"，舍弃了复杂沉重的胞内结构，特化为简单的形态，以适应稳定的生活。不过在它们的内部，往往都具有一些特殊的结构，显示出源自线粒体特化、简化后的"残骸"特征。

基于目前已知的证据，所有的真核生物都具有线粒体，尽管这些"线粒体"的形态可能千奇百怪、各具特点。我们还可以据此推断，真核生物的共同祖先具有线粒体，但在漫长的进化过程中，其一小部分后代舍弃了线粒体。

7.3　合作共赢

尽管内共生学说在当下已经得到了普遍的认可，但是一种拥有复杂代谢路径的细菌究竟为何要放弃自己的独立自主性，转移到宿主细胞中，从此与宿主细胞永生永世地纠缠在一起？这样的情况似乎和进化论存在诸多矛盾之处。演化生物学家威廉·马丁（William Martin）曾提出猜想——最开始的所谓宿主细胞，是一种缺乏复杂结构的古菌。某一天，它吞噬了擅长有氧代谢的细菌，并签订了合作共赢的契约，细菌进而演化为线粒体，成为由古菌演化而成的真核细胞的一部分。线粒体的形成与真核细胞复杂结构的诞生是紧密关联的。有了线粒体，结构简单的生命体才拥有了形成复杂结构、产生复杂行为的可能性。

这样的推测逻辑严密且容易被理解。目前，几乎所有生物书提到线粒体，必然会强调这是细胞的能量工厂。而一切宏观或者微观尺度的生命活动都需要能量，只有在能量供应充分的前提下，生命才有可能出现，并逐渐演化形成复杂、精细的结构。在所有具有细胞形态的生物体中，使用的"能量货币"是通用的，它是一种被称为三磷酸腺苷（ATP）的小分子。

一个普通的细胞在一秒钟内就要消耗掉上千万个 ATP。每个 ATP 有 3 个磷酸，而要让其释放能量，就要去除最末端的那个磷酸，这样一来 ATP 就会变成二磷酸腺苷（ADP），而在这之后细胞又会想尽办法让 ADP 变回能量满满的 ATP。我们人体内的所有 ATP 分子总质量在 60 克左右，这听上去相对我们的体重来说并不算多，但这些 ATP 是不断再生的——类似一种能量充值过程，即 ATP 变成 ADP 再变回 ATP 的循环。因此，人体每天消耗掉的 ATP 加起来会在 60 千克以上，也就是说，每个 ATP 分子在一天内竟然会被细胞反复充值 1000 遍以上。那么，这个庞大的供能体系是怎样实现的？这和线粒体又有什么关联？

早在 1905 年，科学家就开始研究高能磷酸化合物的生理作用。1927 年，美国生物化学家赛勒斯·哈特维尔·菲斯克（Cyrus Hartwell Fiske）和萨巴罗（Subbarow）从肌肉提取液中发现了磷酸肌酸。当肌肉收缩时，磷酸肌酸被分解为磷酸和肌酸并放出能量；当肌肉舒张时，二者又能恢复为磷酸肌酸。1929 年，德国生物化学家卡尔·罗曼（Karl Lohmann）和菲斯克分别独立地从肌肉中发现一种与焦磷酸盐和腺苷酸相关的化合物。1935 年，罗曼正式确定了这种化合物就是 ATP。1941 年，美国生物化学家弗里茨·阿尔贝特·李普曼（Fritz Albert Lipmann）发表综述文章《磷酸键能在代谢中的产生和利用》，阐明 ATP 是生物化学能量的普遍载体。1948 年，英国化学家亚历山大·罗伯兹·托德（Alexander Robertus Todd）首次人工合成 ATP。

从发现 ATP，到解析线粒体产生 ATP 的精确机制，则需要漫长的探索。1997 年，加利福尼亚大学洛杉矶分校的保罗·波耶尔（Paul Boyer）、英国剑桥分子生物学实验室的约翰·沃克（John Walker）因阐释 ATP 的合成机理而共同分享了当年的诺贝尔化

卡尔·罗曼 　　　　　　弗里茨·阿尔贝特·李普曼 　　　　　亚历山大·罗伯兹·托德

保罗·波耶尔 　　　　　　约翰·沃克 　　　　　　　延斯·斯库

学奖的一半奖金；丹麦奥尔胡斯大学的延斯·斯库（Jens Skou）因发现能消耗 ATP 并将钠离子和钾离子转运穿越细胞膜的酶，即钠 - 钾泵（Sodium-Potassium Pump）而获得了该年度诺贝尔化学奖的另一半奖金。

　　母亲的离世给美国生物化学家保罗·波耶尔带来悲伤，却也促成了他后来研究生物化学的兴趣，因为肾上腺素本可以救她的命，但肾上腺素被发现得太迟了。保罗·波耶尔针对 AIP 合酶先后提出了"构象变化假说"和"旋转催化假说"，他认为氧化磷酸化释放的能量通过改变 ATP 合酶的催化亚基的构象而催化 ATP 的合成。而约翰·沃克于 1994 年完成了牛心线粒体 F1-ATP 酶的晶体结构解析，分辨率达到 2.8 埃，该结构清晰地表明了 F1 上的 3 个 β 亚基的构象明显不同，分为结合 ATP 的紧密态、ADP 即将释放的开放态，以及无底物结合的松散态，该发现是对波耶尔模型的有力支撑。延斯·斯库发现的钠－钾泵是科学家发现的第一个离子泵，它被镶嵌在细胞膜磷脂双分子层中，通过水解 ATP 释放能量，驱动离子跨膜转运，维持细胞内的离子跨膜浓度梯度。巧合的是，延斯·斯库和保罗·波耶尔都是于 1918 年出生，于 1997 年获得诺贝尔化学奖，于 2018 年逝世，他们离世的时间仅相隔 5 天。

　　细胞内的钠－钾泵其实消耗了大量的 ATP，用来维持胞内高钾和胞外高钠的离子浓度巨大反差。钠－钾泵在消费 ATP 的过程中，会将 ATP 上掉落的磷酸"据为己有"，即有一个蛋白质磷酸化修饰的过程，磷酸的英文是 phosphate，所以钠－钾泵这类蛋白质也被归到"P- 型离子泵"的家族里。钠－钾泵对 ATP 的消耗甚至有点到了"挥霍"的程度，这恰恰说明细胞对钠－钾泵活性的高度重视，因为细胞要维持膜电位等重要生理功能几乎都依赖钠－钾泵。所以，但凡是比较关键的生命活动，都会涉及 ATP 的消耗，也就是细胞愿意付出较大的代价去进行这项生命活动。

　　至于生命与能量之间的"纠葛"，匈牙利生物化学家阿尔伯特·森特－哲尔吉（Albert Szent-Györgyi）曾用一句话概括："生命不过是一个电子寻找归宿的过程。"这位科学家曾因发现维生素 C、反丁烯二酸的催化作用及与生物氧化过程的研究发现成果而获得 1937 年的诺贝尔生理学或医学奖。此外，这位生物化学家也参与了细胞骨架的重要研究。生命的能量来源可以是热能、机械能、辐射能、电能等，但是所有生命，却都是通过极为相似的呼吸链，由氧化还原反应驱动。

　　我们试想一下，食物进入我们的身体，被降解成若干较小的分子进入细胞，来到线粒体这个能量工厂。随后，分子中的氢原子在这里被取出，电子与质子分离，电子如同奔涌的小溪，顺势向前。不过，它们并不会像瀑布那样直接坠入终点（氧气分子），那样会令能量猛然释放，制造爆炸一般的灾难，难以控制。它们沿途需要经过若干蓄水的浅滩（复合体），最终奔向终点的氧气，实现有序地释放能量，完成一道不断涌动着电子流的呼吸链。

在电子传递过程中，还伴随有质子（氢离子）从线粒体内膜的基质侧，向内膜的外侧运输。质子和电子正好相反，带有一个单位的正电荷，在线粒体膜内外形成了质子的浓度梯度，同时也形成了储存有能量的电势梯度。线粒体膜的外侧是正电位，内侧是负电位，膜两侧有了150~200mV的化学电位差。可不要小瞧这个数字，线粒体膜本身足够薄，这样的电压相对于膜而言非常强。如果把线粒体膜类比为家里的墙壁，那么家中的住客ATP身处于千倍于家庭用电电压的电场之中，随时经历"闪电"的洗礼。

质子梯度所形成的电位势能，就像大坝落闸汹涌而出的江水，以电势惯性带动被称为"ATP合成酶"的水车使辐条旋转、转动涡轮，从而合成ATP。这里我们必须总结并强调一下，线粒体利用电子传递链，把有机化合物转变为能量供给生命所需，毫不夸张地说，这是使生命体得以保持存在的核心事件。

发现这个核心事件的科学家叫彼得·米切尔（Peter Mitchell）。米切尔对生物膜的理解在当时已经达到了极其前卫、无人企及的地步。他曾在1957年莫斯科的一个聚会上说过这样一句话："我无法剥离机体的环境来想象一个生物体……从某种程度上说，这两者可以被看作等同的两相，两者之间的动态接触是通过生物膜来维持的，因为生物膜既'隔离'又'连接'了机体与环境。"这句话深刻地点出了生物膜的两大关键特性。米切尔的理论由于过于超前，在很长的一段时间里不被同行认同，他在诺奖的领奖感言里，也提到了他认为自己的观点不被接受，感觉是一直处于一个认知上的孤独境地。

到了二十世纪六十年代，人们已经知道ATP是生命能量的硬通货。但是，线粒体究竟如何制造ATP仍然众说纷纭，是彼得·米切尔提出了化学渗透学说、提出了生物膜具有转化活性的观点，才让人们理解氧化磷酸化成为可能。米切尔出生于1920年，1951年因为对青霉素作用原理的研究获博士学位。此后，米切尔前往爱丁堡大学的生化研究中心任职。但是，他的工作似乎没有得到学校的支持，身体也出了问题，很快，米切尔就辞职来到了格林研究所。当时，格林研究所百废待兴，米切尔和

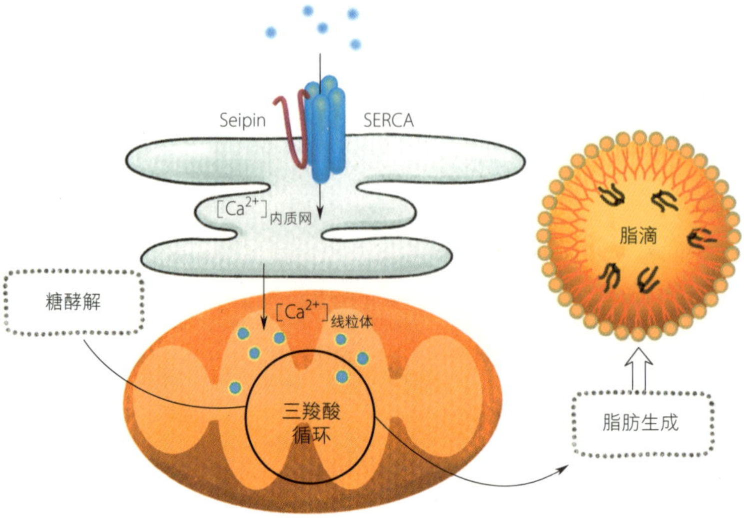

Seipin 基因通过钙离子依赖的线粒体代谢调控了脂肪组织的脂肪合成与储积

他的同事一起成立了一家慈善公司专门推动基础生物学研究，并因此走上了研究化学渗透与反应体系的道路。在米切尔做出大胆假设后不久，ATP 合成酶被发现。这是一种膜结合蛋白，能够利用电化学梯度制造 ATP。米切尔的假说得到了验证，也因为这样的巨大贡献，米切尔荣获 1978 年诺贝尔化学奖。

7.4 细胞命运的决策者

在宿主细胞中寄居了如此漫长的时间，线粒体是否已经淡忘了自己的身份？似乎并没有。从某种意义上来说，线粒体好像是好莱坞大片《黑衣人》中逃难到地球的外星人—— 一旦黑恶势力要对地球采取秘密入侵甚至破坏毁灭的计划的时候，最先感知并做出逃跑反应的正是这些潜伏在地球的外星移民。也可以说，线粒体好像潜伏在细胞中的某种危险分子，与细胞长时间相安无事，某一时刻却忽然爆发，摧毁宿主细胞。当然，受限于细胞的内环境，线粒体不会像病原体那样造成毁灭性的瘟疫。不过，线粒体能够在细胞发生应激时，释放关键信号和生物分子，介导细胞凋亡发生。

线粒体这一"暗黑角色"的发现主要归功于著名的华人科学家王晓东。在他之前，细胞生物学家已经关注到细胞凋亡这一关键现象。细胞凋亡是一种不同于细胞坏死，相当于细胞按既定程序执行的"自杀"过程。在凋亡过程中细胞缩小、胞浆浓缩、细胞核固缩，细胞膜内陷形成凋亡小体，最后凋亡的细胞被巨噬细胞吞噬，这整个过程井井有条，基本不会伴随细胞膜的剧烈破裂、细胞质的广泛外泄，也不会引起剧烈的局部性炎症反应。通过精确执行细胞凋亡，个体在胚胎发育中清除多余的细胞，在机体受到损伤时清除那些出现问题的细胞，以维持动态平衡。可以说，凋亡是生命正常运转的重要保证，也是控制机体衰老及预防病变的关键步骤。

在王晓东之前，科学家借助方便进行形态学观察和遗传学筛选的线虫，已经寻找到数个控制细胞凋亡的基因，并且确认了凋亡蛋白酶参与细胞凋亡过程，提出了存在凋亡蛋白酶的逐级激活与放大机制，以响应起始细胞凋亡信号的假说。但关于哪些关键分子参与了细胞凋亡通路的启动与执行，仍有许多未解谜团。王晓东正是以此作为切入点，与同行们共同攻克了这一科学难题。

1995 年，王晓东组建自己的实验室后，便潜心探究凋亡通路中的蛋白质。首先他确定凋亡蛋白酶 Caspase-3 的剪切是细胞凋亡的直接检测指标，并试图借助对这一蛋白酶的活性跟踪，找到细胞凋亡通路的关键因子。基于此，他对细胞质裂解液进行了分级纯化，追踪其中能够诱导细胞核发生 DNA 断裂的活性组分。王晓东团队很快寻找到了一种潜在的启动细胞凋亡的候选分子——细胞色素 C。细胞色素 C 被定位于线粒体中，在氧化磷酸化过程中发挥重要作用。王晓东的实验方案存在一定的缺陷，他们在裂解细胞时造成了部分线粒体破坏和部分细胞色素 C 的释放，也是这个巧合，指引王晓东关注到线粒体在细胞凋亡中的关键作用。王晓东发现，在细胞收到凋亡信号后，细胞色素 C 从线粒体中被释放到细胞质，并与另一个凋亡关键分子 Apaf-1 结合，进而启动凋亡蛋白酶活化的级联通路。

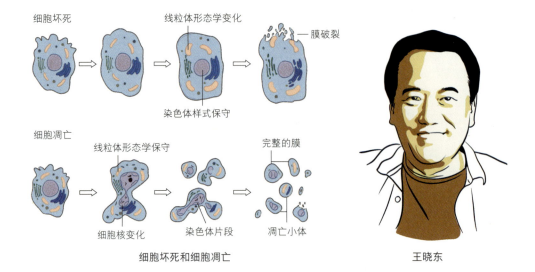

细胞坏死

线粒体形态学变化

膜破裂

染色体样式保守

细胞凋亡

线粒体形态学保守

完整的膜

细胞核变化　　染色体片段　　凋亡小体

细胞坏死和细胞凋亡

王晓东

　　王晓东的这项研究工作宛如"重磅炸弹"，在线粒体及细胞凋亡领域掀起了巨大的波浪。他首次阐明了线粒体能够作为细胞凋亡的控制中心，联结起线粒体的上游调节和下游执行通路，彻底改变了一直以来对于线粒体提供能量和代谢场所的传统看法。半个世纪以来，人们认为已经充分发现了细胞中的主要细胞器及其功能，王晓东的工作对此引发了革命性的理解和颠覆性的认识。现如今有关线粒体细胞凋亡途径的研究基本都是建立在王晓东的工作基础之上，其研究对进化、发育等基本生命活动的认识，以及重大疾病（如癌症、阿尔茨海默病）的研究都有重大意义。

　　现在我们已经知道，当细胞受到辐射、药物刺激等外部刺激，以及基因损伤、缺氧、细胞质中钙离子浓度升高、氧化应激等内部刺激时，如同拥有"上帝视角"的线粒体能够直接启动凋亡信号通路。

　　随着研究的发展，更多的细胞凋亡分子和细胞信号通路被陆续发现。线粒体是细胞的能量工厂，决定着细胞的代谢生存能力。细胞凋亡和细胞分化一样，是调节有机体稳态不可缺少的关键细胞活动，作为细胞凋亡的"燃烧室"和"排头兵"，线粒体无疑是该领域的研究热点。

7.5 线粒体基因与疾病

在探索线粒体来源的时候，我们已经提到，内共生学说的有力证据之一是线粒体DNA 的源头与宿主细胞的大不相同。原来线粒体这个家伙还"私藏"了自己的基因组。这套独特的 DNA 不仅赋予了线粒体独立的行事风格，也暗暗埋下了若干疾病的伏笔，当然，还有治疗这些疾病的线索。接下来，我们来关注一下线粒体基因和相关疾病。

线粒体 DNA（mitochondrial DNA，mtDNA）是一种环状结构的 DNA，一个线粒体中一般有多个 DNA 分子，其复制也是半保留形式的。mtDNA 相较于核 DNA 有许多独特（或者很有趣的）性质——mtDNA 所有的基因都位于一个单一的环状 DNA 分子上，并且不与组蛋白结合，因此不被压缩折叠；线粒体基因组不包含内含子，而且部分碱基是作为重叠基因的一部分，即既作为一个基因的末尾，同时作为下一个基因的开始。如果说这些说法都太过专业，那么我们也许可以只记住一点，就是线粒体基因组仅遗传自母亲。

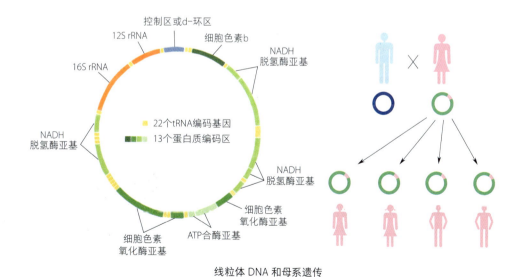

线粒体 DNA 和母系遗传

母系遗传是细胞质遗传的主要特征，它不遵循孟德尔遗传规律，没有有丝分裂和减数分裂的周期变化，遗传物质位于细胞器中并且不受核移植的影响，而杂交或反杂交的子代只表现母方的特征。包括人类在内的哺乳类动物、两栖动物、鱼类及高等植物等生物的 mtDNA 表现为母系遗传。由于母系遗传的特性，研究者能够借由 mtDNA 追溯长世代的母系族谱，简单地说，根据你的线粒体基因组序列可以推测出你的妈妈是谁。

由于线粒体基因组编码蛋白的类型十分有限，线粒体疾病患者的症状主要表现为代谢相关的疾病，mtDNA 缺失或点突变使线粒体氧化代谢过程必需的酶或载体出现问题，糖原和脂肪酸等不能进入线粒体被充分利用，那么也就不能产生足够的 ATP，从而导致能量代谢障碍和复杂临床症状产生。

那么如何治疗线粒体疾病呢？简单来说，既然线粒体疾病是因为线粒体基因受损，那么容易想到的办法便是替换或者修复出现问题的基因。一种方法就是将有线粒体疾病风险的卵母细胞或受精卵的线粒体置换成正常的线粒体，即线粒体替换治疗（Mitochondrial Replacement Therapy，MRT）。另外一种策略则是通过开发新的 mtDNA 编辑酶精准地切割有问题的 DNA 分子使其断裂，进而破坏或修复有问题的线粒体。

在诸多线粒体疾病中，"克山病"或许是最值得我们记住的一种。这种病因在黑龙江省克山县高发而得名，而对这种病病因的解析和一位科学家有关——生物化学家杨福愉院士。

1935，在我国黑龙江省克山县发现一种怪病，患者突然发生心前区压迫和疼痛，继而恶心呕吐，严重者会有生命危险。这一疾病在吉林省、陕西省及云南省也有发生。克山病的易感人群为儿童和育龄期妇女，发病具有明显季节性，在中国东北以冬季为主，在西南地区以春季为主。更为奇怪的是，

中国科学家杨福愉先生

发病者多为农民，工人和其他职业者几乎从不发病。

1984—1986 年，杨先生参加了中共中央地方病防治领导小组与卫生部共同组织的考察与调研，针对云南省楚雄地区（系克山病高发地区之一）的克山病发病人群进行了历时三年的流行病学、生态环境调查及病理生理学研究，发现克山病患者在分子细胞生物学层面的具体表现为心肌线粒体代偿增多、线粒体内嵴破坏、氧化磷酸化活性下降、钙离子负荷增高等，从而提出"克山病是一种心肌线粒体病"的重要观点。调研组发现在全国范围内，克山病病人均分布于缺硒地带，补充微量元素硒能有效预防克山病发生。依托这项研究成果，1990 年后，克山病在我国已经基本消失。

1964 年 10 月，我国第一颗原子弹爆炸成功，并由此产生了对于核辐射的生物学效应进行深入探索的紧迫需求。在这样的背景下，中国科学院向杨先生下达了国家机密任务"21 号任务"，任命他作为负责人，带领小分队，远赴原子弹爆炸现场，进行放射生物学实验，以探索核辐射对生物体造成的远期、后期效应。1965 年，杨先生远赴大漠，抵达我国第二次原子弹爆炸的现场，与同事们细致分工、紧密协作，测试和观察实验动物受核辐射损伤的急性效应，以及远期、后期效应。在极其艰苦的条件下，"21 号任务组"的同志们发扬不畏艰险的集体主义精神，成功完成了科研任务，获得了大量的珍贵数据，为核辐射的应急防护提供了理论和实践基础。

离开核爆现场，回到生物物理研究所后，杨先生继续承担"慢性放射病早期诊断"的探索性工作，希望解决核工业从业人员长期接受小剂量辐射是否会引发慢性放射病、能否确定早期诊断指标、实现早诊早治等关键问题。他带领同志们深入矿区，针对职业暴露人群展开调查，并利用猕猴作为实验动物，进行慢性放射性辐射试验。通过系统、深入的研究，杨先生提出"以血液为中心，红血球为重点"的原则，提出了若干慢性放射病早期诊断的生化指标，为我国和平利用原子能事业的发展提供了重要的科学数据。

在面向国家需求、承担科研任务的过程中，杨先生凝练研究方向，以线粒体膜的结构与功能研究为核心科学问题，致力于探索膜脂 - 膜蛋白相互作用调节生物膜结构与功能的关系，在国内外学术期刊发表科研论文 200 余篇，出版《生物膜》等专著 2 部，先后获得国家自然科学奖、中国科学院自然科学奖、何梁何利基金科学与技术进步奖等重要奖项。2006 年，在杨先生 80 岁诞辰时，我国生物物理学奠基人、中国科学院生物物理研究所首任所长贝时璋先生给他题词"我国研究生物膜第一人"，这是对杨福愉先生学术成就的高度归纳与认可。

杨福愉先生是中国生物膜领域的主要奠基人之一，为我国膜生物学研究的开拓、发展、推动、创新，以及走向世界做出了杰出的贡献。2023 年 1 月 5 日，杨福愉先生因病逝世，享年 95 岁。2024 年 10 月 30 日，中国科学院国家天文台以杨福愉命名了编号为 27910 的小行星，以纪念杨福愉先生为我国生命科学研究做出的杰出贡献。

我们深切缅怀杨福愉先生，其家国情怀与学术精神永存！杨福愉先生一生治学育人，桃李满天下，本章的笔者作为杨先生的弟子和再传弟子，必将承恩师嘉言遗风、继先生懿德亮节，为我国的教育与科研事业献出绵薄之力。

小结

硕大的线粒体告诉我们细胞内的大事小事往往都以能量说话，谁掌握更多的 ATP，谁在细胞内就有更大的话语权。当然，ATP 在复杂生命里的来源问题，实实在在地触及了生命进化的核心问题。线粒体复杂且独特的形态特征，以及其独有的半自主复制特性为线粒体的研究设置了诸多的艰难险阻。可是，一旦拨云见日，我们不得不感叹自然界设计的精巧绝伦。

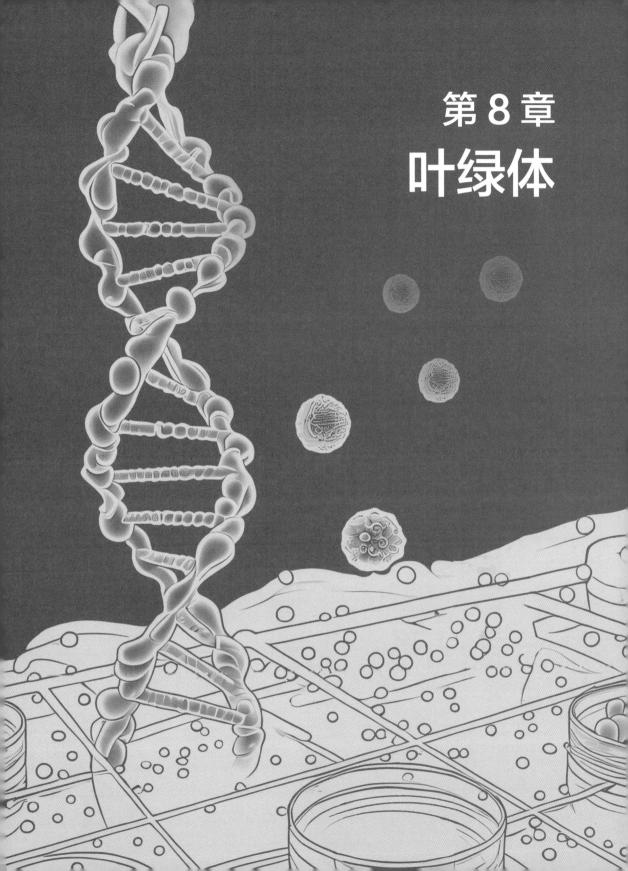

第 8 章
叶绿体

我们谈论过最先观察到细胞的胡克，他用显微镜观察软木，看到了死去的植物细胞的细胞壁。我们也知道与胡克差不多同时代的列文虎克，他也用显微镜观察了很多植物材料。可惜，那时候他的科学理论不怎么受人重视，我们现在也不知道他究竟看到了哪些关键的结构。

不过，有一点大家肯定都知道：植物和动物结构不一样。植物有着绿色的叶子，不用吃饭就可以生根发芽、开花结果。植物能够制造氧气，能够提供食物，甚至还能化作煤炭，简直是人类的"衣食父母"。而这一切都因为植物拥有神奇的叶绿体，能够利用叶绿体进行光合作用。人们对植物的了解就是从发现光合作用开始的。

叶绿体

8.1 发现氧气

氧气的发现揭开了植物细胞拼图的神秘面纱。

在十八世纪之前的很长一段时间中，人们一直相信，空气是某种纯净的、成分单一的物质。而英国化学家约瑟夫·普里斯特利（Joseph Priestley）的发现颠覆了这一受众广泛的认知。将倒置的容器放在台子上，能够采集到各种实验产生的气体。在当时，这是化学实验最受欢迎的装置之一。利用这样的装置，普里斯特利发现，小鼠闷在倒置的容器中，会因为缺乏某种气体死去。这时候，将燃烧的蜡烛挪入容器里，火焰也会熄灭。看起来，火焰的持续和小鼠的生存都需要某样关键的成分。

而耗竭了关键成分的气体能够用绿色植物进行"更新"。在倒置的容器中放入某种植物，经过数天时间，再放进蜡烛，蜡烛可以再燃烧；放进小鼠，小鼠不会很快死亡。这些实验说明，蜡烛燃烧耗去了动物生存需要的某种物质，而植物生存则不需要这种物质，反而可以产生它。

随后，在 1774 年，普里斯特利进行了最为著名的实验：将玻璃罐子倒扣在水银池中，实现密封效果。接着，用大凸透镜聚焦阳光，加热玻璃罐子内的氧化汞，会产生一种气体。这种气体能够令蜡烛持续燃烧，让小鼠在玻璃罐子中持续生存，并且，"质量要比普通的空气好五到六倍"——也就是说，相较于普通的空气，这种气体维持火焰和小鼠生命的时间要长出数倍。甚至，普里斯特利亲自尝试了这一神奇的能够维持生命的奢侈品，感到心情舒畅又愉快，普里斯特利骄傲地宣称："只有两只小鼠和我能够拥有呼吸这种气体的特权！"

约瑟夫·普里斯特利

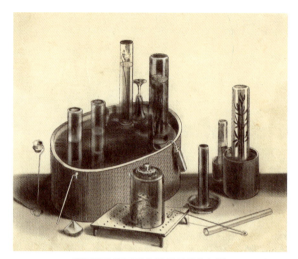

普里斯特利系列实验使用的集气槽

信奉燃素说[○]的普里斯特利很自然地将这种与燃烧有关的气体命名为"脱燃素空气"。同年，他把这种气体的制法与性质告诉了法国化学家安东尼·拉瓦锡（Antoine Lavoisier）——燃素学说的反对者。拉瓦锡一直在研究燃烧现象。他重复了氧化汞加热实验，认识到这是一个氧化分解产生气体的过程，并由此将其命名为"氧气"。拉瓦锡进一步以制得的气体和汞反应，结果又得到了氧化汞，由此理解到燃烧就是可燃物质与氧气结合生成氧化物的过程。而普里斯特利从某种意义上来说也是叶绿体发现的先驱，他已经证明，植物具备生产氧气的功能，尽管当时的人们距离了解氧气生成的具体机制还很遥远。

普里斯特利很有个性，崇尚自由，最后移居美国。他与美国国父之一、科学家本杰明·富兰克林（Benjamin Franklin）成为笔友。富兰克林在得知普里斯特利的研究后，提出了环境保护的想法，希望以植物能够产生物质、而动物消耗物质的概念，劝说人们减少砍伐树木。

○ 燃素说是历史上一种解释燃烧过程的化学理论。燃素说认为，燃素是一种具有微粒性的火元素，它在物质燃烧时逸出。

8.2 走近光合作用

1779 年，荷兰医学家、科学家简·英格豪斯（Jan Ingenhousz）重复了普里斯特利的实验。他将植物放在装满水的透明容器（钟罩）里，很快发现，在光照下，许多微小的气泡出现在叶片的背面。他将植物移到暗处，发现气泡不再出现了。接下来，他还发现只有植物的"绿色器官"（枝、叶）才能产生气泡，这些就是"净化"空气的气体。他进一步发现暗处的植物不能"净化"空气，反而像动物一样把"好空气"变坏。这些实验结果为后来人们认识植物的"绿色器官"和光在光合作用中的重要性奠定了基础。暗处的植物把"好空气"变坏，其实是在发生呼吸作用，即消耗碳水化合物产生能量，同时释放二氧化碳。暗处的植物和动物的呼吸作用是相同的，都在线粒体中发生。

瑞士牧师、博物学家吉恩·森尼别（Jean Senebier）则进行了更加关键的实验。同普里斯特利一样，他深受当时流行的燃素学说影响，最早的科学论文就是和燃素、光的性质相关的。之后，他开始关注湿度测定、空气成分测定等技术方法，当时的他还不知道，这些兴趣将最终导向光合作用的发现。

这个过程中，测气管的发明尤为重要，这是一种能够测定不同组分气体容量的装置。有了测气管，又受到当时动物学界针对身体功能研究的感召，森尼别开始着手运用化学方法分析植物营养的踪迹。1782 年，森尼别在化学分析的基础上，指出植物"净化"空气的能力，不仅与光照正相关，还取决于所"固定的空气"（即后来知道的二氧化碳）。森尼别还发现氧气的释放量与植物吸收的二氧化碳量大致相当，叶肉是"净化"空气的主要场所。1785 年，在弄清空气的组成成分后，人们明确认识到植物的

吉恩·森尼别

"绿色器官"在光下释放的气体为氧气，而植物各器官（包括绿色器官）在暗处释放的气体是二氧化碳。这便是人类对于光合作用最早的宏观层面的认知。

不过，光合作用究竟在植物的哪个部分发生，仍然有待后来者的研究。1817 年，法国化学家皮埃尔 - 约瑟夫·佩利迪欧（Pierre-Joseph Pelletier）和约瑟夫 - 别南姆·卡旺图（Joseph-Bienaimé Caventou）合作，首次分离了叶绿素。他们的秘诀在于创新性地使用温和的溶剂，而不是用强酸、强碱来分离提取植物中的代谢物。

回望现代药学的早期历程，这两位科学家形影不离、功勋卓著。他们是最早尝试从多种药用植物中分离得到活性成分的科学家。比如，古埃及人记载可以用秋水仙的种子治疗痛风。他们便从秋水仙中分离得到了秋水仙碱。人们发现，金鸡纳树皮能够治疗曾经令人闻风丧胆的疟疾。他们便从金鸡纳树皮中分离得到了奎宁。当然，时至今日，秋水仙碱和奎宁都已经不再是治疗痛风和疟疾的首选药物，但在当时，它们挽救了无数人的生命。并且，人们也因此踏上了重视珍贵医学遗产、使治疗手段更为精准高效的现代医学道路。

皮埃尔 - 约瑟夫·佩利迪欧和约瑟夫 - 别南姆·卡旺图

8.3 植物细胞的特有拼图

德国科学家，植物生理学之父朱利亚斯·冯·萨克斯（Jullius von Sachs）在 1868—1882 年出版了好几部重要著作，有作为课本的《植物学教程》《植物学史》《植物生理学讲座》，也有《植物生理实验手册》这种详尽记录他和学生们设计、完成的植物生理学实验的随笔。萨克斯以系统、有逻辑性的实验设计与准确详细的记录方式，创造了现代植物生理学研究的基本方法。我们可以从他的《植物学教程》中看到绘制精美的苔藓植物（葫芦藓，Funaria hygrometrica）叶状体的细胞，其中的叶绿体，甚至淀粉粒的大小和个

朱利亚斯·冯·萨克斯

数，都清晰可辨。这就是叶绿体首次出现在课本中的样子了，和我们今天在显微镜下看到的几乎没有区别。

前文也提到了，由于记录手段的限制，早期的很多优秀生物学家都具有出色的绘画才能。萨克斯也是如此，他的这项技能则来自他的父亲。1832 年，萨克斯出生在德国布雷斯劳一个普通的家庭中，他有七个兄弟姐妹，却因为家境贫困、生活艰难早早夭折，只有两个存活了下来。更不幸的是，在萨克斯 17 岁那年，他父母双双去世，留下尚未成年的他。唯一值得庆幸的也许是他的父母在困苦之中仍然怀有对美的渴望，并早早将他们所具备的绘画本领传授给了这个天赋卓越的孩子。多年以后，绝佳的素描技能成了萨克斯开展植物学研究、阐释植物结构的工具。

失去了父母的萨克斯被布雷斯劳大学的一名教授相中，之后，萨克斯在他家中生活了整整七年，一面承担着辅助科研的工作，一面迅速地发展起自己对植物学的兴趣。那时候，大学中还没有独立的生物学专业，萨克斯学习的是物理、化学和数学，并在业余时间辅修植物学与动物学。他独立发表的第一篇论文就是有关欧洲鳌虾解剖

结构的。这篇论文为他赢得了不小的声誉，很多学者判定，萨克斯将成为一名优秀的动物学家。不过，也许是出于年少时的兴趣，萨克斯最终舍弃动物学，转向植物学。

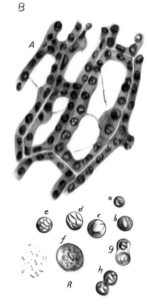

萨克斯绘制的分裂中的叶绿体

萨克斯不仅描绘了叶绿体及其分裂过程，还在光合作用的机制研究中有重要贡献。1864年，萨克斯通过严谨精巧的实验发现，植物叶片光合作用的产物除氧气外，还有淀粉。他首先把绿色叶片放在黑暗中数小时。在这段时间里，叶片发生呼吸作用，最终耗尽叶片中的淀粉。他再把经过黑暗处理的叶片一半拿到光下，一半留在暗处。一段时间后，将这些叶片漂白，并用碘熏蒸它们。结果，一直放在暗处的叶片没有变色，而光照过的叶片变成蓝黑色——这是淀粉与碘形成络合物的颜色。由此证明了淀粉是一种光合产物，光合作用的反应式终于完整建立了。萨克斯明确指出，叶绿体是完成光合作用的细胞器。从萨克斯开始，植物学正式进入了生理学和细胞生物学阶段。

可以说，萨克斯所在的时代是生物学各个领域突飞猛进的时期。随着人们研究手段与认知的不断细化、深化，生物学从博物学中分离出来，成为一门独立的学科。这个阶段，也是达尔文进化论开始形成并产生重要影响的时期。1859年达尔文写作并出版了如今已经人尽皆知的《物种起源》，之后又和自己的孩子弗朗西斯（Francis）一起出版了好几部植物学著作，比如描绘植物向性和其他运动方式的《植物的运动本领》。

这两位生物界的巨擘一直有着科学上的交往。同达尔文大胆、勇猛的推断不同，萨克斯或许是受到出身和少年坎坷经历的影响，性格内向而谨慎，他不喜欢达尔文那些不够严谨、难以重复的植物实验，但他非常认可《物种起源》中提出的进化思想。

结合进化论，再结合多年前关于叶绿体形态、分裂过程的研究，经过一番深思熟虑，萨克斯在 1882 年重新发表了他的论著。这一次，他对叶绿体的起源进行了推测。他认为，叶绿体的分裂过程可能说明这些"含有叶绿素的小体"代表着一个个独立的微生物，它们寄住在植物细胞的原生质中，仍然以细菌一分为二的方式扩增繁殖。这个奇思妙想对应到今天的认知，就是我们广泛接受的假说：叶绿体、线粒体起源的内共生学说。在没有更多相关信息和实验手段下，能做出这样的推断也体现了早期的科学家，本质上是"自然哲学家"的思辨能力。下文我们会再讲到这个学说，现在让我们回到叶绿体的故事中。

8.4 发现叶绿体的吸收光谱

关于植物细胞，其实有一个十分原始也十分明显的问题，为什么绝大部分植物的叶子都是绿色的？很多读者也许很早就在各类科普读物上了解到，叶子呈现绿色是叶绿素的缘故，或者更进一步地，是因为叶绿素能够反射绿色光。而发现这一奥秘的则是德国生物学家西奥多·威尔海姆·恩吉尔曼（Theodor Wilhelm Engelmann）。

恩吉尔曼，1843 年出生于德国莱比锡。他的父亲拥有一家著名的科学出版社，所以，恩吉尔曼从小便有条件接触到海量的科学知识，也很早就产生了对自然科学和医学的兴趣。追溯恩吉尔曼的一生，他最早的科研大概是十五岁时候使用显微镜观察一些纤毛虫，他发现，这些纤毛虫会聚集到氧气较为充裕的地方，表现出趋化性和趋光性。这其实已经为他后来对叶绿素的研究奠定了基础。

那时候，人们已经知道太阳光经由三棱镜能够散射形成七色光。这是两百年前由大名鼎鼎的牛顿

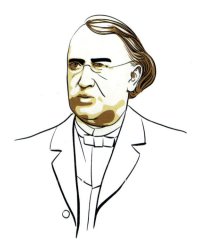

西奥多·威尔海姆·恩吉尔曼

发现的："1666 年初，我做了一个三角形的玻璃棱镜，利用它来研究光的颜色。为此，我把房间里弄成漆黑的，在窗户上开一个小孔，让适量的阳光射进来。我又把三棱镜放在光的入口处，使折射的光能够射到对面的墙上去。当我第一次看到由此而产生的鲜明强烈的光色时，感到极大的愉悦。"1880 年，恩吉尔曼也搭起三棱镜，试图测定一种常见绿藻——水绵的作用光谱，也就是说，他想知道，水绵在哪种波长的光底下释放的氧气最多。恩吉尔曼首先使用三棱镜将阳光分成七种色光，落到水绵上，接着，他在水绵周围放入一群好氧细菌。有趣的现象出现了：好氧细菌纷纷聚集到有光照射的藻丝区域。再仔细一看，它们都聚集在红光和蓝光照射的区域。也就是说，叶绿体强烈吸收红光和蓝光，进行光合作用，并释放氧气。当然，恩吉尔曼的实验存在明显的缺陷：太阳光作为一种自然光，它所包含的不同波长的色光强度也不同。好在后来经过学者们的验证，恩吉尔曼的结论仍然是成立的。今天，作用光谱可以用一间屋了那么大的光谱仪来测量，通过一个巨大的单色仪将单色光照射在实验样品上，而其实验原理仍然与恩吉尔曼的完全相同。正因为叶绿体吸收红光与蓝光，反射部分绿光（另一部分绿光透射过去），所以我们看到的植物大多都是绿色的。

约翰内斯·勃拉姆斯

恩吉尔曼还是一位业余大提琴家，他与作曲家约翰内斯·勃拉姆斯（Johannes Brahms）交情匪浅。勃拉姆斯曾经到访恩吉尔曼生活的荷兰乌得勒支省，受到了盛情款待。后来，勃拉姆斯将他的降 b 大调第三弦乐四重奏作品 67 号，一首特别轻快活泼的乐曲，献给恩吉尔曼。在信中，勃拉姆斯兴致勃勃地写道："这首曲子就和您的爱人一样，优雅，又有智慧！……不过呢，里面没有大提琴独奏，倒是有段中提琴独奏。这段独奏十分美妙，我相信您一听就会想改练中提琴的！"

8.5 光合作用中的关键反应

　　二十世纪早期，叶绿体中光合作用的机制是生化学家竞相探索的领域之一。当时人们已经认识到，利用光将二氧化碳变成碳水化合物的过程可以分为两个阶段，一是光反应，二是碳反应。不过，早期研究认为光激活的叶绿素会与二氧化碳反应，第一个产物是甲醛，之后再变为糖。1939 年，加州大学伯克利分校的塞缪尔·鲁宾（Samuel Rubin）和马丁·卡门（Martin Kamen）做了一个重要的实验：他们用 ^{11}C 标记二氧化碳，以同位素示踪法研究光合作用中碳固定的产物。他们发现光合作用的产物不是甲醛，而可能是羧酸。鲁宾和卡门的工作把在错误道路上的研究带回了正途。

　　但是，^{11}C 的半衰期实在是太短了，短到只有大约 20 分钟，然而仅仅提取光合作用产物的时间都远不止 20 分钟。单依靠 ^{11}C，光合作用的研究也就只能止步于"第一个产物是羧酸"了。这时候，同在伯克利分校的著名物理学家欧内斯特·劳伦斯（Ernest Lawrence）提出了预测：碳存在另一种同位素 ^{14}C，它的半衰期很长，并且可以制备。

　　劳伦斯是二十世纪最负盛名的物理学家之一，他本科学习化学，之后转向物理，24 岁即获得博士学位，28 岁就成了伯克利最年轻的教授。他一生都投身于"大科学"——巨大的装置、大额的花费。他发明了回旋加速器，能够在无须很高电压的情况下就将粒子加速到非常高的速度。借助这样的装置，人们对原子核、基本粒子有了更多的了解，并获得了很多新的同位素。1939 年，他获得诺贝尔物理学奖。就在第二年二月的颁奖典礼上，^{14}C 被宣布制备成功！在座的科学家立即意识到，这将成为追

欧内斯特·劳伦斯

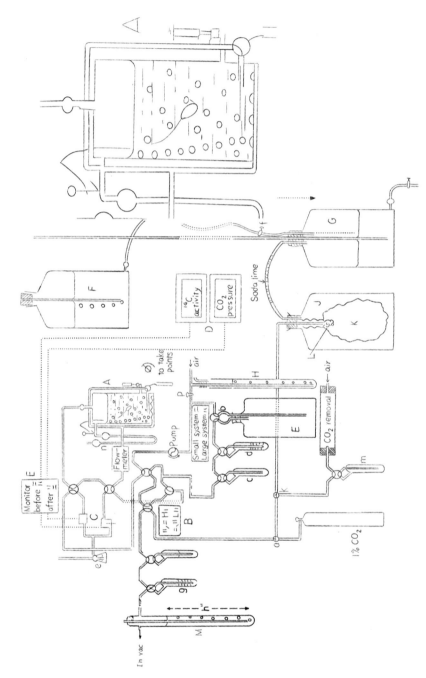

卡尔文研究组用于探索植物碳反应循环的装置示意图

踪生化过程最好用的工具。^{14}C 的半衰期长达 5730 年，不仅能够完成各种示踪实验，还能用于年代测定等领域。

之后，劳伦斯招募了梅尔文 · 卡尔文（Melvin Calvin）来做加州大学卢瑟福实验室下属的生物 – 有机实验室的主任，请他用刚刚制备成功的 ^{14}C 来做研究。卡尔文本人对各种各样的氧化 - 还原反应更感兴趣，因此他又招募了安德鲁 · 本森（Andrew Benson）来做生物 - 有机实验室下属的光合作用实验室的主任。

1947 年，本森和卡尔文报告了第一批 ^{14}C 标记研究的结果：他们将藻类放在光照之下培养，向容器中通氮气来赶走二氧化碳。然后关掉灯，立刻加入 $^{14}CO_2$，等待 5 分钟，然后分离提取藻类在暗中合成的含有 ^{14}C 的物质。他们在其中发现了一点点糖类。这已经足够证明"二氧化碳还原为糖的反应及其中间产物不需要光化学步骤"以及光合碳反应"并非呼吸作用的简单逆转"了。在接下来的数年中，他们（以及巴萨姆）发表了一系列文章，不断改进技术方法并得出结论。到了 1954 年，包括羧化反应（二氧化碳受体分子核酮糖 1，5- 二磷酸的羧化）、还原反应（3- 磷酸甘油酸的还原）、再生反应（二氧化碳受体分子核酮糖 1，5- 二磷酸的再生）的碳反应循环已经建立。配平的反应式写作：

$$2NADPH + 3ATP + CO_2 \rightarrow 2NADP^+ + 3ADP + 3Pi + \{CH_2O\}。$$

为纪念发现者，它被称为卡尔文 - 本森循环。卡尔文因此获得了 1961 年的诺贝尔化学奖。

到了二十世纪，叶绿体的结构、功能和起源问题都得到了比较全面的研究。在电子显微镜照片上，我们可以看到，一个典型的叶绿体由双层膜包被。除了外膜、内膜，叶绿体还有称为类囊体（thylakoid）的第三种膜系统。一叠类囊体构成一个基粒（granum），相邻的基粒由非堆积状态的膜，即基质片层，连接起来。光合作用的光化学反应，即从水到氧气分子与能量（ATP）等产物的生成过程，发生在类囊体膜上。环绕类囊体的液态部分称为基质（stroma）。光合作用的暗反应，即二氧化碳还原为碳水化合物的过程，发生在基质中。

8.6 叶绿体与内共生学说

地球上的生命源于阳光与光合作用。大约 24 亿年前的元古代（距今 25.0 亿 ~8.0 亿年）早期，蓝藻、红藻、绿藻等现代植物的祖先依次出现、繁盛，它们通过光合作用为自己获得营养与能量，同时释放氧气。于是，水光解产生的氢气重新氧化为水，回到地球；大气层的氧气也开始累积，有了氧气，动物开始了活跃地进化。到了古生代的石炭纪（距今 3.59 亿 ~2.99 亿年），大气中氧气的浓度达到了惊人的 35%（今天的大气中氧气浓度约为 21%），二氧化碳浓度也曾达到今天的 2 倍左右。巨大的植物和节肢动物遍布地球，那时候，巨脉蜻蜓翼展接近 1 米，是世界上曾经出现过的最大的飞行昆虫。许多节肢动物不是通过血液获得氧气，而是通过遍布全身的微型气孔和气管直接吸收氧气，快速运送到每一个细胞，因此高氧促进它们朝巨型方向演化。而高二氧化碳浓度也促进植物的光合作用与生长，太阳能经过植物的固定，变成煤炭等化石能源。可惜，高氧终究带来了危险。地下岩浆活动，点燃了煤炭，熊熊大火覆盖了整个地球。灾难过去，体型巨大的动物纷纷灭绝，地球渐渐展露出现在的样子……

直到如今，太阳依然从遥远的地方送来光能，藻类和植物利用叶绿体的光合作用将阳光的能量（约 3×10^{21} 焦/年）固定下来，变成碳水化合物（约 2×10^{11} 吨碳/年）。有了不断输入的能量，才有了如今生生不息的生物圈，营养物质在这里循环。没有光合作用，就不会有今天的地球样貌。那么，叶绿体到底是从哪里来的？

1967 年，富有创造力的演化生物学家林恩·马古利斯发表了一篇论文，她提出，"三种基本细胞器，线粒体、光合质体（即叶绿体）和鞭毛都曾经是自由生活的细胞"，其中，叶绿体的前身是自由的蓝细菌，100 万年以前，植物的远祖细胞通过与蓝细菌共生，获得了光合作用的能力。

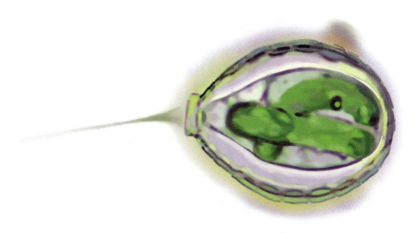

保利氏菌，具有丝状伪足

当时，基因工程刚刚起步，马古利斯还没有办法借助遗传学的手段确认这一推论，不过，这可能是首次提出的、关于真核细胞起源的统一理论。

现在，人们已经通过大量的基因序列测定和分析、显微结构观察等方法，比较了叶绿体和蓝细菌的异同，也发现了叶绿体在内共生之后发生的事情。简而言之，叶绿体进入宿主以后，便丢失了绝大部分的基因。一些基因借助水平基因转移—— 一种细菌常用的 DNA 输出方式进入了宿主细胞的基因组，但还有一些基因则完全消失了。如此大量的基因丢失，按理会波及关键蛋白的合成，植物究竟用什么方法补偿这些丢失的基因呢？

最近有一些科学家借助一种单细胞生物——保利氏菌略微探知到一些秘密。结果令人颇感震惊：这种生物细胞核中至少有 229 个基因来自其他细菌，其中只有 25% 来自蓝细菌，可能是内共生以后基因转移得到的，剩下的则大多来自不同细菌，它们共同合成并维持色素体（叶绿素）的运转。甚至，还有科学家发现，保利氏菌的某种祖先并不具有色素体，它的行为模式好像四处吞噬入侵细菌的白细胞，是靠食用别的细菌存活的，而这样的吞噬，或许也促进了基因水平转移。

不过，叶绿体究竟为什么要放弃如此多的基因？它与细胞核之间的通讯如何高效地发生？这些问题一直是细胞生物学和进化生物学的重要问题，目前还没有确切的答案。也许有一天我们能够在实验室重现叶绿体的起源故事，那一定会非常美妙。

小结

叶绿体和上一章讨论的线粒体的出现，都是细胞向复杂生命进化过程中的里程碑事件，也反映了这两块拼图在整个细胞版图里举足轻重的作用。我们儿时喜爱看的动画片《变形金刚》中也提到了即使是机器人也高度依赖能量。如果说叶绿体为植物细胞提供了"能量块"，那么线粒体则是为动物细胞"加了油"。基于这些事实，我们可以根据某个生物反应的耗能情况，来窥见该反应对生命的重要程度。

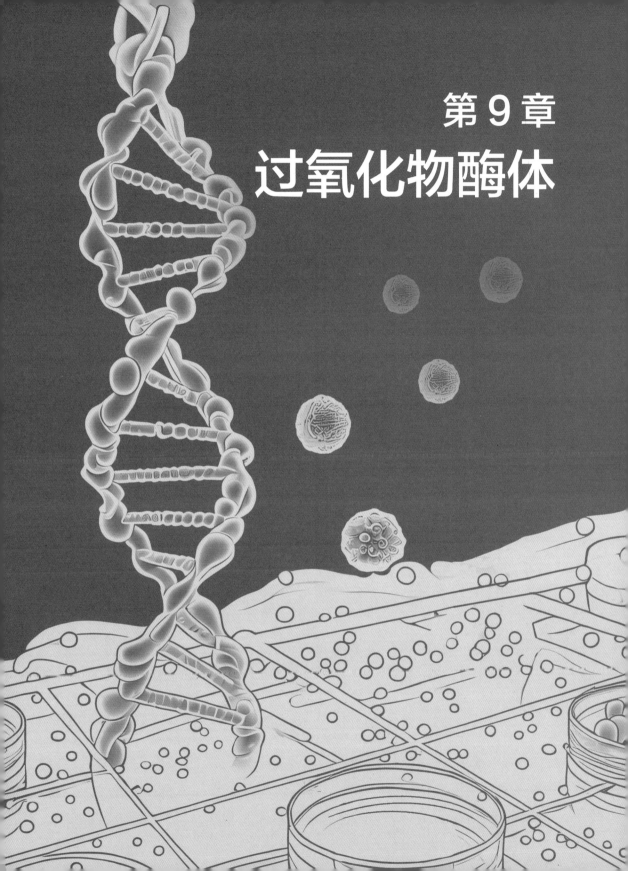

第9章
过氧化物酶体

我们在介绍溶酶体时曾经提到，德迪夫采集了非常多的大鼠肝脏匀浆才看到溶酶体的尊容。而那个时候，过氧化物酶体这种尚未被人们认知的细胞器被当作"杂质"沉默地待在溶酶体图片的背景中。

　　其实，早些时候人们就注意到细胞中存在某种未知结构，只是在很长时间内，科学家都认为它只是线粒体的某个阶段或者某种残余，直到人们发现过氧化物酶体中存在的酶与众不同。这一章，我们将介绍过氧化物酶体的发现历程。同样，过氧化物酶体功能的异常也将导致严重的疾病。

9.1 "看见"过氧化物酶体

同很多细胞器一样，过氧化物酶体最早闯入人们视线的时候并没有引起多少注意。直到若干年后，科学家追溯源头，才从某段研究中搜索到它的身影，彼时，它还叫"微体"。

约翰内斯·罗丁

那是 1954 年，瑞典斯德哥尔摩大学的研究生约翰内斯·罗丁（Johannes Rhodin）将小鼠肾脏作为研究对象，使用当时最好的电镜观察近曲小管上皮细胞。在这个过程中，他发现细胞内存在一种从未被描述的结构——膜包被的小体，小体内充满颗粒物。于是，罗丁将它命名为"微体"（microbodies）并记录进博士论文里。罗丁并非专门研究细胞的学者，他攻读的是解剖学，之后也一直在医学领域耕耘。其实在那个年代，细胞生物学还未形成一个真正的学科，《细胞生物学杂志》这一领域内经典期刊也是几年后才由洛克菲勒大学出版社正式创立的。不用说当时关注细胞拼图的学界，罗丁自己都没有很关注"微体"的来龙去脉。

罗丁，1922 年出生在瑞典，是世界闻名的电镜专家。而奠定他声名的重要研究就是上文提到的博士论文。当时，他已经拥有一个医学学位，在行医数年以后又回到大学，专注于精细解剖结构的探索，"微体"就是探索旅途中的偶然所得。罗丁的后半生致力于阿尔茨海默病的研究，并培养了数千名医生。虽然"微体"并没有得到罗丁的额外关注，但现在我们追溯过氧化物酶体的研究历程，仍然必须从罗丁这里出发。

罗丁发表论文之后两年，法国的两位科学家卢耶尔和伯恩哈德发现，在大鼠肝脏细胞中，存在一种不同于线粒体、高尔基体的圆形或卵圆形物质，它的结构与罗丁描述的"微体"可能是同一种。他们发现，虽然在正常状态下，微体和线粒体的区别十分明显，但在肝脏细胞发生癌变的情况下，微体和线粒体聚集在一起，很难进行区分。于是他们推断，微体可能只是某一阶段的线粒体。

其实，从卢耶尔和伯恩哈德获取的电子显微镜结果来看，当时的细胞或组织样品制备已经整合了前文提到的超薄切片技术，即科学家观测到的其实是某些亚细胞结构的横截面。我们在细胞膜结构发现的讲述中也提到过，1959 年，科学家罗宾逊利用同样的电镜技术看到了生物膜的细节结构，即脂质双层的轨道和两侧附着的蛋白质。因此，在这一技术层面下，研究人员已经可以注意到"微体"只是单层膜结构，而线粒体明显是双层膜结构，即使要从微体转化成熟为线粒体，应该也是很复杂的一个过程，现在想想那几乎是不太可能的。

插图中卢耶尔和伯恩哈德观察到的病变肝脏细胞中的微体与线粒体。他们推测，mb_1 和 mb_2 是微体的不同阶段，并能够转化成线粒体（m）。虽然后来的研究推翻了卢耶尔和伯恩哈德的推论，但他们已经开始试图理解微体的功能，只是这时候，人们还不能确定微体到底是不是一种独立的细胞器。

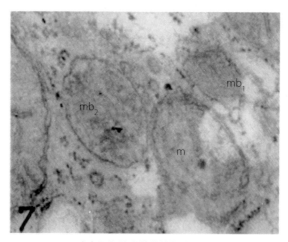

病变肝细胞中的微体与线粒体

9.2 "定义"过氧化物酶体

在罗丁看到"微体"之后的数年时间里，陆续有别的科学家观察到微体并提出各式各样充满想象力的假说，却始终没办法进行强有力的证明。

而在罗丁描述微体的几乎同一时间，克里斯汀·德迪夫运用离心的方法首次在大鼠肝脏匀浆中发现了溶酶体——我们在溶酶体一章中曾经介绍过这个故事。不过，溶酶体很难提纯，它总是和其他成分混杂在一起。于是，在之后的十年时间里，德迪夫致力于改良细胞器的提纯。他首先发明了给大鼠注射 Triton WR-1339 的方法，这种物质会累积在肝脏溶酶体中，令溶酶体变轻，容易与其他组分分离。于是，在得到纯净溶酶体的同时，他也"意外"得到了较为纯净的微体。1965 年，德迪夫发表文章再次描述微体，确信这是一种不同于线粒体的、独立的细胞器，并且，其中装满了酶，只不过这些酶到底有什么作用，仍然一无所知。于是，德迪夫决定沿用"微体"的称呼。

仅仅三年后，里程碑式的研究出现了。这次，德迪夫拥有了更加趁手的工具。比利时科学家亨利·博费（Henri Beaufay）改进了离心机，能够一次分离更多量的样本，进出样本也不再需要关闭离心机，大大避免了因为开关机器造成的干扰。

德迪夫回忆起这段经历，十分开心地表示，多亏了博费的伟大发明，也多亏了洛克菲勒大学组装起了新离心机，"这是一次跨越大西洋的合作！"

这次，德迪夫从 100 克小鼠肝脏中分离得到了足够量的微体，并准确地判定其中含有过氧化氢酶、尿酸氧化酶等物质。现在，德迪夫可以十分坚定地判断，微体的确不同于线粒体，有着自己独特的生化特征，并且，因为它能够产生、降解过氧化氢，德迪夫正式将其命名为过氧化物酶体。

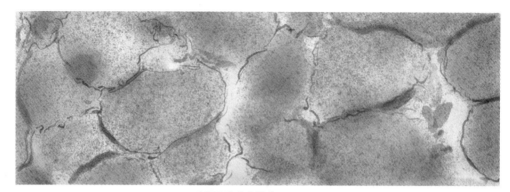

小鼠肝脏中的微体

借助改良后的提纯方法，德迪夫得到了几乎纯净的过氧化物酶体。

因为在溶酶体、过氧化物酶体方面的贡献，德迪夫与克劳德、帕拉德分享了1974年的诺贝尔奖。而这样的重大发现，只是德迪夫在研究胰岛素过程中"不务正业"的成果。

9.3 植物中的"过氧化物酶体"

随着过氧化物酶体的命名，人们一度对此抱有很高的研究热情。不过很快，研究就陷入了停滞。科学家推测，这种细胞器像是细胞在演化早期用来处理氧气的一种"古老设备"，它所推动的氧化反应似乎和 ATP 没有什么关系。而与此同时，植物学界正兴致勃勃地探索一种叫作"乙醛酸小体"的新细胞器。

前文提到，人们很早就关注到植物能够固定二氧化碳，又发现，类似蓖麻子的植物种子能够储存脂肪，并将脂肪转化成碳水化合物，成为幼苗细胞壁的主要成分。这些现象引起了哈利·比弗斯（Harry Beevers）的兴趣。又恰好在二十世纪五十年代，$^{14}CO_2$（含有碳 -14 同位素的二氧化碳分子）标记法开始在美国流行起来（参见第八章），哈利开始运用这种强有力的工具探索植物的代谢。当时，他们采用的方法是将同位素标记的前体注入蓖麻子胚乳中，然后检测产物，分离线粒体，并研究代谢特性。现在人们已经很少使用蓖麻子进行试验了，不过在那时候，蓖麻子是最容易获取的实验对象，而且蓖麻子的胚乳十分柔软，用来分离娇嫩的细胞器简直再好不过了。

哈利·比弗斯

哈利很快发现，他得到的实验数据并不能很好地与当时人们推断的代谢通路吻合，很可能还存在尚未被发现的路径。这时候，哈利在一场宴会上遇到了生化专家汉斯·阿道夫·克雷布斯（Hans Adolf Krebs），经过交流以后，克雷布斯将当时正致力于研究细菌乙醛酸循环的汉斯·科恩伯格（Hans Kornberg）介绍给了哈利。两人合作之后，发现细菌乙醛酸循环使用的两种酶也同样出现在蓖麻子的胚乳中。

随着这些研究的推进，"新"细胞器的发现可能越来越接近了。在此之前，就有一名叫作威德马·覃纳（Widmar Tanner）的研究生发现，蓖麻子胚乳中存在很多单层膜包被的小体。而忙碌于单细胞生物的科恩伯格这时候也发现，四膜虫这类生物的乙醛酸循环是在不同细胞器内完成的。随着比尔·布雷登巴赫（Bill Breidenbach）加入哈利的研究团队，实验有了突破性的进展。他使用不同的蔗糖密度梯度处理蓖麻子胚乳，很快发现，完成乙醛酸循环所用的酶分布在不同细胞器中，其中又有多种酶富集在一种新的亚细胞结构中。经过仔细的电镜观察，这种结构与覃纳观察到的一致。于是，在 1967 年，哈利与布雷登巴赫宣布了这一发现，并将这种新的细胞器命名为乙醛酸小体。

新细胞器很快成了崭新的研究热点。第二年，哈利他们发现，乙醛酸小体中含有过氧化氢酶、尿酸氧化酶等与过氧化物酶体一致的成分。第三年，他们又发现，乙醛酸小体中能够发生 β 氧化。这立刻引起了动物学界的注意，陷入停滞的过氧化物酶体也迎来了新的研究契机。

9.4 蛋白进出的秘诀

　　既然确定了过氧化物酶体是一种独立的细胞器，科学界便将目光转向过氧化物酶体内酶的合成和转运。今中恒雄（Tsuneo Imanaka）在二十世纪八十年代率先在体外重现了这一过程。他像德迪夫一样，提纯了大量的过氧化物酶体，然后使用同位素标记若干种已经合成的蛋白质，混入过氧化物酶体中，最后加入能够水解任意蛋白质的酶。他发现，有一部分同位素标记的蛋白质能够免于被水解，这说明，这部分蛋白质被转运进入了过氧化物酶体中。于是，问题产生了。为什么有些蛋白质能够被转运，有些不能呢？

　　后来，研究生斯蒂芬·约翰·古尔德（Stephen John Gould）解答了这个问题。发掘蛋白质进出原因的策略也很简单，古尔德利用了生化领域的经典做法："裁剪"了蛋白质的不同片段，并检查到底哪一段决定了这个酶会进入过氧化物酶体。但是，由于当时无法简单的敲除已知的过氧化物酶体基因，这样额外表达的缺失突变蛋白质无法和细胞内源表达的蛋白质之间进行有效区分。因此，古尔德选了一个非人类表达的蛋白质，但又能在人类细胞内表达后顺利进入过氧化物酶体，这个蛋白质就是萤火虫荧光素酶。直到今天，我们的实验室里还经常用这个酶来检测并报告某些基因转录元件的活性。但这个荧光素酶本身不会发亮，进了过氧化物酶体也不会发亮，需要加入额外的底物才能点亮这个酶。为了跟踪到这个酶在细胞里的踪迹，古尔德采用了一种经典的荧光显色法，即免疫荧光法，就是用荧光素酶的抗体找到荧光素酶的所在，再想办法让这些抗体"亮"起来。

　　经过一系列尝试，古尔德发现，荧光素酶碳端一段不长于 12 个氨基酸的序列是定位必需的。将这段序列拼接到其他蛋白质，也能够让原本不进入过氧化物酶体的蛋白质被定位进入过氧化物酶体。之后，古尔德又检测发现，另外 4 个过氧化体酶体基质蛋白的碳端也有类似的信号肽，并据此发现，SKL 这个三肽序列（丝氨酸 - 赖氨酸 - 亮氨酸）是靶向过氧化物酶体的重要信号肽。直到现在，实验室最常见的过氧化物酶体标记手段之一就是在荧光蛋白的碳端融合上一个 SKL 基序。

　　加入 SKL 是典型的以编码在蛋白质内部的短肽序列作为决定蛋白质去向依据的重要分选策略。类似的手段在真核细胞这一复杂的、高度区室化的体系内屡试不爽。我们前面讲述内质网和内膜系统时，就提到了靶向内质网的重要短肽——信号肽。只不过，大家也注意到了信号肽一般在蛋白质的氮端，也就是起始的位置，而 SKL 则在蛋白质的碳端，也就是末尾的地方。这是因为，基于信号肽的蛋白质分派在蛋白质还在合成的过程中往往就启动了，也就是蛋白质还没完全翻译完，负责翻译的核糖体已经在一系列的相互作用下被带到内质网表面了，并和转运通道实现完美对接，这种分派方式在学术上被称为"共翻译转运"。而等着进过氧化物酶体的蛋白质往往比较"拖延"，需要在核糖体完全翻译完以后才"磨磨蹭蹭"的被分派去工作岗位，这样，其实分派信号完全可以出现在蛋白质的最末端，这种办事方式就叫"翻译后转运"。内质网也许"心急"，喜欢用共翻译转运；线粒体和过氧化物酶体这些细胞器则不着急，往往选用翻译后转运。

　　古尔德的发现在一定程度上颠覆了大家之前对信号短肽的认知。此前的研究人员，也想到了在已知的过氧化物酶体蛋白质中寻找序列上的共同点，但这一尝试始终不成功，因为大家更多的聚焦在了蛋白质的起始位置，认为信号短肽如果存在，就应该像此前发现的信号肽一样，出现在蛋白质的氮端。结果他们都找错了方向。古尔德的另辟蹊径，为碳端的蛋白质分选信号挖掘打开了一扇门。

　　不论如何，不同类型的过氧化物酶体靶向信号（peroxisomal targeting signal，PTS）开始被陆续发现，过氧化物酶体的特殊性也显出了一些眉目，就是与内质网不同，更多的选择了翻译后转运，有些甚至以折叠好的形式就能进入过氧化物酶体，这在蛋白质转运领域是前所未有的。究竟是什么样的机制能够令已经合成好的、甚至形成了聚合体的蛋白质钻入过氧化物酶体，至今仍然在探索中。

　　后来，今中恒雄和古尔德各自成立了课题组，各自在过氧化物酶体转运机制的方向上狂奔。借助遗传筛选的方法，二十世纪九十年代迎来了过氧化物酶体研究百花齐放的阶段。各种与过氧化物酶体生物生成、蛋白质转运等功能密切相关的基因被发现，并各自被冠以新的名称。太过繁杂的命名令人眼花缭乱，实在不利于领域内的交流，于是在 1996 年，研究过氧化物酶体的主要科学家集体统一了相关基因的命名，将所有参与过氧化物酶体形成与增殖的基因都命名为 PEX 基因，取了过氧化物酶体英文名称的代表性字母，这也让我们情不自禁地想起了内膜系统里介导分泌的庞大基因体系——SEC 基因。

9.5　没有过氧化物酶体会怎样

在过氧化物酶体得到命名前不久，儿科医生汉斯－乌尔里希·泽尔韦格（Hans-Ulrich Zellweger）注意到一种罕见且致命的遗传性疾病。患有这种疾病的婴儿从出生就表现出反常的容貌，比如足内翻、颅缝增宽、鼻梁过宽等等，又常常迅速出现严重的呼吸窘迫，伴有听力低下、青光眼、肌张力不足等症状，更要命的是，这些婴儿往往有脑神经受损、肝肿大、肾囊肿等症状，一般会在几周至几个月内死

汉斯－乌尔里希·泽尔韦格

亡。泽尔韦格当时并不知道这种疾病具体的成因，在 1964 年，他和鲍恩按照症状以"脑肝肾综合征"的名称对这种疾病加以描述。

泽尔韦格出生在瑞士一个贵族家庭中。早年，他目睹了小儿麻痹症肆虐的场景，决定投身医学，缓解孩子们的病痛。在游历整个欧洲获取医学博士学位以后，泽尔韦格在苏黎世儿童医院当一名住院医师。当时，他关注到一类常常表现为肥胖的小孩，判定他们患有某种激素异常疾病。不过，这方面的研究并没有进行下去，经过后来几位学者的努力，泽尔韦格关注到的这类异常现在已经被命名为普拉德 - 威利

综合征。1951 年，泽尔韦格前往贝鲁特美国大学担任儿科学教授。几年后，泽尔韦格又来到爱荷华大学任教。在这里，他组建了美国第一个专注于临床细胞遗传学的实验室，积极推动了美国医学遗传学的发展，并在 1962 年成立了一所专门治疗神经肌肉疾病的诊所。在当时，这是全美第一家专门致力于缓解杜氏肌营养不良等相关疾病的诊所，有着独特的意义和价值。泽尔韦格长期专注于儿童的先天疾病，就是在这里，他最早报告了"脑肝肾综合征"。限于当时的技术和知识，直到 1973 年，埃文·戈尔德菲舍（Evan Goldfischer）才发现，这种疾病的患者肝脏和肾脏相应部位的细胞中都无法检测到过氧化物酶体，很可能就是因为过氧化物酶体的异常才导致的。

将脑肝肾综合征患儿肝脏活检样本和健康婴儿肝脏活检样本采用相同的方法处理并观察，结果发现，患儿的肝脏细胞中无法观察到过氧化物酶体。至此，人们才知道，泽尔韦格发现的脑肝肾综合征实质是患儿缺乏过氧化物酶体功能导致的。为了纪念最早报告这一病例的泽尔韦格，人们也将这种疾病称为"泽尔韦格综合征"。

之后，随着对 PEX 基因了解的深入，人们已经定义了一组泽尔韦格谱系综合征。这类患儿因为存在不同的 PEX 基因突变，表现为症状类似但程度轻重不一的综合征，严重者寿命只有几天至几个月，而较为轻微者可以存活至成年。可惜的是，直到现在，我们都没有办法治愈这种疾病，只能给予支持疗法，尽量缓解患者的痛苦。

插图中是一个典型的泽尔韦格综合征患者的肾脏，可以看到有多处大小不一的囊肿。通常来说，诊断泽尔韦格综合征的标准之一就是血浆中超长链脂肪酸的浓度显著升

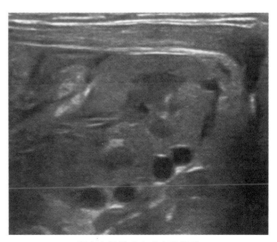

泽尔韦格综合征患者的肾脏

高。因为过氧化物酶体功能的缺失，这类患者的脂肪代谢等多种生物代谢将出现严重障碍，细胞中会蓄积大量超长链脂肪酸，导致多种脏器受损。

小结

机缘巧合，过氧化物酶体的发现要比其他拼图晚不少时间。但这种"晚"只说明了"不起眼"，不代表"不重要"。如今，针对过氧化物酶体这个"小个子拼图"的形成机制和作用功能的各类研究又焕发了新的生机。过氧化物酶体在植物体里的"亲戚"也显现了代谢方面的强大能力。

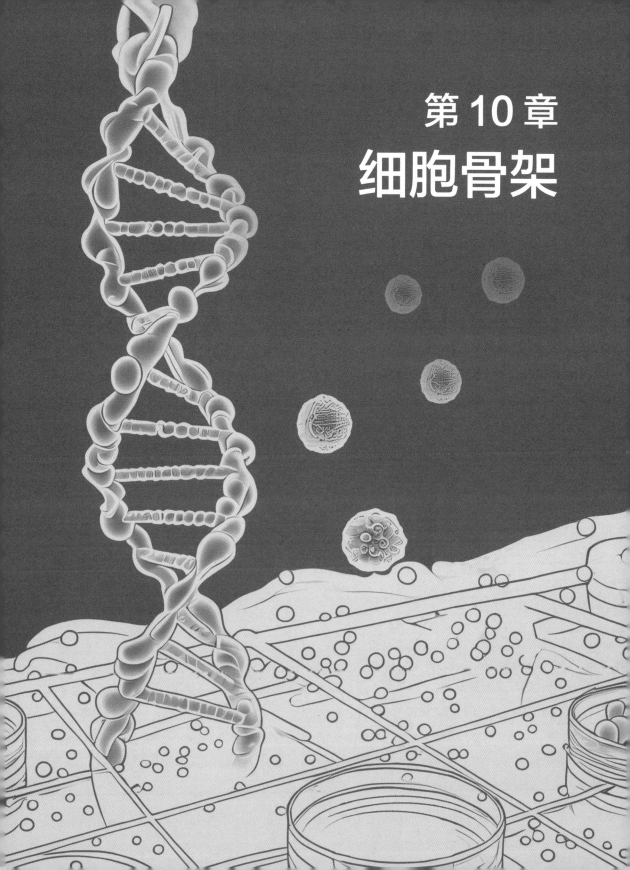

第 10 章
细胞骨架

故事讲到这里，细胞内外由生物膜包裹的结构已经展演得差不多了。不知道大家是否存有一个疑问：细胞是如何维持自己的形状的？这个问题困扰了科学家很多年。有趣的是，人们其实早就知道精子细胞中存在某种条索状的结构，但是这一结构的重要意义过了很久才逐渐显露。现在我们知道，细胞里面是有支撑结构和各种轨道的，我们叫它"细胞骨架"。这块与众不同的拼图似乎能把其他拼图都聚拢到一起，并摆放在合适的位置，同时架起细胞内部互相沟通的桥梁。概括来说，细胞骨架不仅撑起了细胞结构，也是细胞多种生命活动乃至功能得以实现的基础。

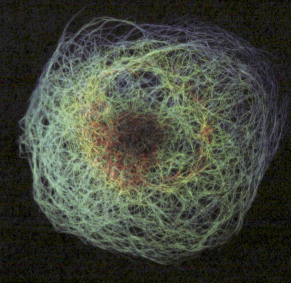

细胞内的微管网络

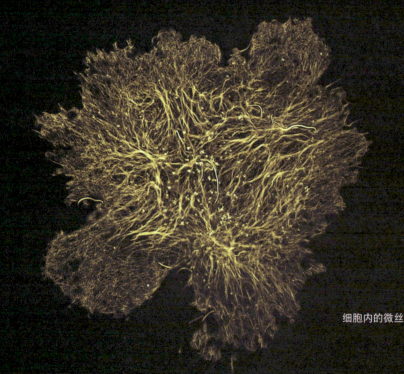

细胞内的微丝

10.1 细胞内部的钢筋

植物细胞有坚硬的细胞壁"容纳"整个柔软的细胞，那没有细胞壁的动物细胞呢？它为什么没有像一滴水那样自然地变成球形？细胞很多时候可以发生剧烈的形态变化，比如有丝分裂、细胞运动等，一滴水一样的胞浆如何在如此剧烈的变化和挤压之下维持内部拼图的分布呢？

时间回到 1905 年，一位叫作尼古拉斯·科尔佐夫（Nikolai Konstantinovich Koltsov）的俄国科学家研究了不同种类的鳌虾的精子，他提出推测，这些形态不同于球形的细胞之所以能够维持形态，是因为在胞浆中存在某样坚固的、凝胶状态的"骨架"，它能够像建筑物的钢筋那样撑起整个细胞的形态，而不是像当时学界所推测的那样依靠渗透压来维持。

实际上，比科尔佐夫更早一些，在十九世纪，就有人观察到某些特定的细胞中存在一些特殊的纤维结构。比如，鳌虾的神经节细胞中就有着这样一圈圈的纤维结构。

这两幅分别绘制于 1844 年和 1882 年细胞结构图十分相似，绘图的两位科学家都发现，节细胞的胞核周围有紧密包裹的纤维状物质，这些纤维汇聚到轴突，在靠近尾

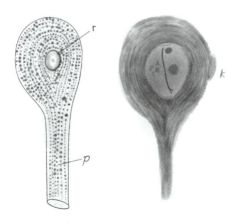

科学家在鳌虾神经节中看到的纤维结构

尼古拉斯·科尔佐夫

端的时候会变成一些碎裂的颗粒。当时人们并不知道这是什么，即便过了几十年，科尔佐夫提出细胞骨架的概念，人们也依然并没有将这两样东西联系起来，甚至，在很长时间内，都没有人注意到科尔佐夫曾经提出过细胞内存在骨架结构这件事情。等到科学家真正意识到科尔佐夫的远见卓识，是几十年以后的事情了。

科尔佐夫是一位充满了传奇色彩的俄国科学家。1872 年，他出生在莫斯科的一个中产家庭里，他的父亲是一家皮草公司的会计，从小家境优渥的他接受了良好的教育。科尔佐夫最早的专业是动物学，专门研究脊椎动物的解剖结构。随后，他开始转向当时刚兴起的领域——细胞学、生物化学和遗传学。1917 年，科尔佐夫组建了实验生物学研究所，他在这里工作了 22 年，培养出了一大批杰出的科学家。

不仅如此，科尔佐夫有着极强的预见能力，有时候，他的预言准确得仿佛他是个来自未来的人。他不仅早早提出了细胞骨架的概念，还在 1927 年就提出染色体是一种双链大分了，而彼时，化学家们都不能相信会有如此大的分子存在。甚至，他还推测遗传信息是由不同的化学基团序列编码的。直到 1953 年，沃森和克里克才提出了双螺旋结构，而科尔佐夫的概念要提前了二十多年！可惜的是，这样的天才生物学家由于种种原因很早就去世了，但他留下的吉光片羽，至今为人津津乐道。

10.2 "细胞骨架"的命名

在另一条研究轨道上，胚胎学家们也逐渐关注到细胞结构的问题。

十九世纪末二十世纪初期，科学家逐渐察觉到，生物体的组织并非一堆结构相同的细胞像蜂巢一般地聚集在一起，然后根据各自所在的位置行使不同的功能。相反，细胞的分工是"前组织"的结果。科学家判定，甚至早在受精以前，生物体的卵细胞就已经具备某样不均匀的结构，决定了将来胚胎的模式。

在众多研究卵细胞胞浆的科学家中，埃德温·康克林（Edwin Conklin）是佼佼者。他阐释了卵细胞的极性是如何决定了未来形态发生的基本分化方向。并且，他还发现，这样不均匀的内部结构就算因为压力或者温和的离心力遭到破坏，也会很快恢复到原本的状态。据此，他推测，卵细胞胞浆中存在某种"海绵状的原生质体框架"，这个框架可以帮助错位的细胞内组分重新归位，定位中心体、纺锤体等参与细胞分裂等重要功能的内部结构。

埃德温·康克林

1929 年，有位叫作鲁道夫·彼得斯（Rudolph Peters）的生化学家在一次演讲中提到，细胞的"构造"包括了"一套有组织的蛋白分子，它们彼此镶嵌，构成了一种三维结构，布满整个细胞"，"有了这样的结构，独立的化学反应才能够发生"。1931 年，法国胚胎学家保罗·温特伯特（Paul Wintrebert）引述了康克林所说的"海绵质"，并将其称为 cytosquelette，也就是法语中的"细胞骨架"。又过了四年，另一位胚胎学家约瑟夫·尼达姆（Joseph Needham），首次使用英文的 Cytoskeleton 来指代这种三维结构，cyto- 指的是细胞相关的物质，skeleton 就是我们熟知的骨架。进一步地，在前人的基础上，他提出了细胞内特殊的结构和化学上的有序性在很大程度上是由一个很难去描述但又不可否认其存在性的细胞骨架来维系。

约瑟夫·尼达姆

约瑟夫·尼达姆的中文名字叫李约瑟，相信很多读者都听过这个响亮的名字。他不仅仅是英文 Cytoskeleton 的最早使用者，也是最早注意到中国存在独有的科学技术史的西方科学家。而李约瑟对中国的热爱最初源自对一个女孩的感情。一位名叫鲁桂珍的姑娘来到剑桥大学学习，遇到了李约瑟，两人一见钟情。在漫长的共处时光中，鲁桂珍给李约瑟讲了很多中国的故事，李约瑟因此产生了强烈的好奇心，决定去探索中国科学技术史。他自学了汉语和文言文，1942 年至 1946 年间，顶着战争的炮火，来到中国进行实地考察，采集了大量的史料。1948 年开始，李约瑟着手创作《中国科学技术史》，并亲自写作了十五卷。1995 年，李约瑟与世长辞，但这个项目至今仍然在持续进行。

10.3 肌肉里的纤维

暂且放下胞浆里的纤维状结构。我们来看看另一条支线上的故事——肌肉到底是怎么收缩的？肌肉纤维里有什么？

最早做出关键发现的是德国生理学家威廉·弗里德里希·屈内（Wilhelm Friedrich Kühne）。

1837 年，屈内出生在德国汉堡一个富裕的商人家庭。1856 年，他在哥廷根大学获得了博士学位，研究课题是"青蛙的糖尿病"。之后有相当长时间他都在研究消化相关的生理机制，并从胰液中分离得到了蛋白酶。屈内一生成就斐然，他是酶的命名者，是肌球蛋白的发现者，也是视紫红质的发现者。

威廉·弗里德里希·屈内

1859 年，他开始研究缝匠肌，他发现，化学刺激和电刺激都可以直接令肌肉纤维兴奋。随后，在 1864 年，他使用高浓度的氯化钾溶液处理破碎的肌肉纤维，分离得到了一种富于黏性的蛋白，他推断是这种蛋白赋予肌肉纤维以张力，于是将其命名为肌球蛋白。

但肌球蛋白的发现并没有马上引起研究人员的注意。直到 1939 年，一对俄国夫妇弗拉基米尔·亚历山德罗维奇·恩格尔哈特（Alexandrovich Engelhardt）和米利察·尼古拉耶夫娜·柳比莫娃（Militsa Nikolaevna Lyubimova），发现了按照如上方法分离的肌球蛋白能够水解 ATP 释放能量。

这条消息传到一位匈牙利生化学家艾伯特·圣捷尔吉（Albert Szent-Györgyi）那里。圣捷尔吉此前发现了维生素 C，还解析了延胡索酸的催化作用，并因此于 1937年获得了诺贝尔奖。此外，圣捷尔吉还对线粒体的电子传递链有过精彩的点评："生命只不过是电子寻找休憩之地的过程。"圣捷尔吉立刻对肌球蛋白产生了极大的兴趣：既然肌球蛋白是肌肉中最重要的蛋白成分还具有酶活性，那么要了解肌肉就必须先了解肌球蛋白。很快，圣捷尔吉和他的同伴伊洛纳·邦加（Ilona Banga）重复并验证了同行的实验。在这个阶段，他们提取肌球蛋白的方法仍然和屈内的原理一致：将新鲜的兔子肌肉放入高离子强度的盐水中，在低温下磨碎，然后离心分离。随后加入水，稀释到低离子强度，在 pH 值为 7 的条件下，肌球蛋白就会沉淀下来。不过，有一天，实验室的成员们实验做了一半就去听讲座了，提取物没来得及离心，就冷藏了一整夜。奇妙的是，第二天，他们发现，放置了 24 小时的提取液变得异常黏稠，甚至变成了半固体的凝胶；而处理 20 分钟提取的产物就算冷藏保存，也只会略微变黏一些。

这样，肌球蛋白就分出了两种。他们将新鲜提取的肌球蛋白叫作 Myosin A，把放

艾伯特·圣捷尔吉与伊洛纳·邦加

置 24h 后的叫作 Myosin B。更重要的是，他们首次在试管中重现了肌肉的收缩。

首先，肌球蛋白在高离子强度环境下可溶解，在低离子强度条件下不溶解。那么，将高离子强度环境中的肌球蛋白通过毛细管喷射到水中，就能够形成一股细长的肌球蛋白丝，可以轻易地在显微镜下观察到。利用这样的方法，圣捷尔吉分别用 Myosin A 和 Myosin B 制成了两种肌球蛋白丝，结果发现，Myosin B 制成的肌球蛋白丝一旦碰到肌肉水溶性提取物，就会立刻收缩，而 Myosin A 制成的则不会。借此，他们发现 ATP 和镁离子是肌球蛋白丝收缩不可或缺的因素。圣捷尔吉激动地表示："第一次用肌肉组分在体外复现运动过程简直是我这辈子科研生涯里最美妙的时刻！"

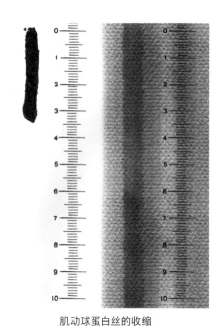

肌动球蛋白丝的收缩

用肌肉水提取物处理过的肌球蛋白 B 丝（左）和未经处理过的肌球蛋白 B 丝（右）。

10.4 从Myosin到Actin

肌球蛋白的故事还没有结束，圣捷尔吉还想知道，到底是什么造成了两种肌球蛋白之间的差异？

这份工作交到了年轻的布鲁诺·费伦茨·施特劳布（Brunó Ferenc Straub）手里。当时施特劳布只有 28 岁，他原本就是在圣捷尔吉实验室完成的博士学位，出去工作一年半以后又回到了圣捷尔吉这里。

按照显而易见的推断，Myosin B 之所以能够在试管中收缩，是因为有着某样 Myosin A 缺乏的成分。于是，他先离心 Myosin B, 去掉上层的可溶成分；接着，用清水清洗残余物并用丙酮处理，之后再洗去丙酮，在室温下干燥。最后，用蒸馏水重悬残余物。而一旦将重悬液加入 Myosin A，Myosin A 也能够像 Myosin B 一样在试管中收缩。这样一种能够赋予 Myosin "活性"（activity）的物质被发现了，它被命名为肌动蛋白（Actin）。

布鲁诺·费伦茨·施特劳布

伴随着 Myosin 和 Actin 等诸多重要蛋白的发现，圣捷尔吉实验室度过了充满奇幻色彩的二十世纪四十年代。但是，因为第二次世界大战期间的匈牙利站在轴心国一边，他们的重要成果无法通过常规的途径发表，外部世界对他们的进展一无所知。圣捷尔吉和他的同事们、学生们克服了巨大的困难，才将这些进展以论文集的方式编纂成了三大册，这些没有经过所谓"同行评议"的论文、实验记录成了肌肉研究最重要的里程碑。

这段时间里，圣捷尔吉实验室的关键人物除了圣捷尔吉本人就是邦加和施特劳布。不过，施特劳布后来走上了与邦加完全不同的发展道路。他离开了学界投身政治，甚至担任了一年多的匈牙利总统的职务。

10.5 看见"管状结构"

当我们重新注视一百多年前的细胞学研究时，会注意到当时生物学界的很多发现并不显得意义重大，往往是在无数研究层层累积之后，回溯过去，才意识到当年曾经有过一个重要的发现。比如某个精子细胞中的条索状结构。

早在 1888 年的时候，巴洛维茨（Ballowitz）就用当时的光学显微镜、在龙胆紫染色的情况下观察到苍头燕雀精子细胞鞭毛中的条索状结构，并画下了这样的示意图。

EK 是指鞭毛轴丝近端的基部，FS 则是他观察到的"基本纤维"。现在我们知道，这就是人们最早观察并描述的微管之一。不过，在当时，这样的"纤维"究竟是什么、有什么意义，都无人知晓。

伴随着显微技术的进步，答案逐渐明晰起来。有了暗场显微技术和显微摄影技术，科学家确定纤毛结构通常是 9+2 的——也就是 9 根外周微管加 2 根中央微管构成。

1954 年，唐·韦恩·福塞特（Don Wayne Fawcett）和基思·罗伯茨·波特（Keith Roberts Porter）用新的电镜与切片技术观察了各种各样带有纤毛的上皮细胞，得到了当时最清晰的纤毛横截面显微图像。在这个图里，不仅能够看到纤毛是 9+2 结构，还能够看出周围一圈 9 根外周微管是二联体，而中央微管是单体结构。

福塞特是一位"电镜艺术家"。1917 年，他出生在爱荷华州的一个农场上。之后，他们举家迁往波士顿，在那里，他进入美国最古老的高中学习，随后进入哈佛大学、

巴洛维茨手绘的苍头燕雀精子细胞鞭毛中的条索状结构

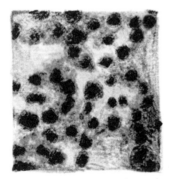
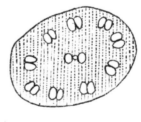

唐·韦恩·福塞特观察到的纤毛横截面图像以及示意图

哈佛医学院学习。在学习医学的时候，他对解剖学产生了强烈的兴趣，顺理成章地成了一名形态学家以及电镜界首屈一指的专家。他发表了两百多篇论文，描述细胞、组织和器官的精细结构，他编写的组织学教材有着至今仍能堪称精美的电镜图片。据说，他一般会在家里完成切片，然后一大早去到哈佛大学使用电镜，难以想象他是如何在家中完成如此精细的切片操作的。

至此，尽管人们已经能够看到非常精细的细胞结构。可是，因为这个阶段的生物样本都需要使用四氧化锇或者高锰酸钾在低温下固定，三维结构很容易遭到破坏。直到 1962 年，戴维·多明戈·萨巴蒂尼（David D. Sabatini）发明了使用戊二醛在常温下固定样本的方法，人们才得以观察到完整保留的细胞三维结构，进而能够确认微管不仅存在，存在的范围还比大家想象的要广得多。

萨巴蒂尼出生在阿根廷，并在阿根廷度过了很长的学习和科研起步阶段。当时，他跟随爱德华多·德·罗伯特斯（Eduardo De Robertis）——另一位重要的现代细胞生物学奠基者，学习电镜技术，并在 1961 年来到美国洛克菲勒基金会工作。起初的六个月，他在耶鲁大学和组织化学家拉塞尔·巴内特（Russell Barnett）一道工作，就是在这里，他发明了戊二醛常温固定法，将电镜样品制备技术又向前推进了一步。

唐·韦恩·福塞特

戴维·多明戈·萨巴蒂尼

10.6 命名"管状结构"

实际上，即便萨巴蒂尼发明了新的固定方法，大家看到了更加清晰的微管的照片，但"微管"的真正命名仍然悬而未决。毕竟，纤维状的、管状的结构太多太容易混淆了，研究者们有时候会忽视它们，有时候又会将它们简单地归为"纤维状成分"，甚至，误认为是某种内质网。比如，二十世纪五十年代，最早拍到树枝状微管结构的一张电镜图片底下，作者就将它判定为"内质网某种长的管状成分"。因此，总结和确认微管的普遍存在并为其命名，功劳不可被忽视。完成这项工作的主要科学家包括基思·罗伯茨·波特（Keith Roberts Porter）、迈伦·卡尔弗特·莱德贝特（Myron Calvert Ledbetter）和大卫·B. 斯劳特巴克（David B. Slautterback）。

其中，斯劳特巴克观察到水螅的细胞中同样存在管状结构。经过仔细的对比，他提出推测：先前科学家在不同物种细胞中看到的管状结构实际上是同一样东西，不论是纤毛虫、灵长类，还是植物。而水螅细胞中的这一管状结构与前述所有管状结构也是同一样东西，它们都是微管。

就在斯劳特巴克的论文发表后的下一期，波特和莱德贝特也发表了一篇论文，认为从前人们观察到的纺锤体的管状结构和细胞间期的各种管状结构其实是一种东西，

基思·罗伯茨·波特　　　　　迈伦·卡尔弗特·莱德贝特　　　　　大卫·B. 斯劳特巴克

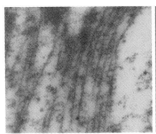

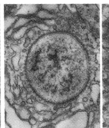

纺锤体的"纤维"　　　　　植物细胞皮层中的"微管"　　　　水螅细胞中的"微管"

所谓的"纤维"其实是中空的——所以，"微管"这一命名合理并且普遍。

　　这三位科学家仔细观察比对后认为，纺锤体的"纤维"和植物细胞皮层中的"微管"还有水螅细胞中的"微管"其实是同一种结构。

　　可以说，微管从发现到命名都伴随着电镜技术的发展与更新，电镜技术的发展更是推动了一份著名期刊的诞生。1953 年，贝内特和波特曾经发表过一篇论文描述小鸡的横纹肌细胞，并用到了当时非常先进的电镜技术。电镜拍摄的图片细节繁多，可惜的是，当时的期刊印刷水平非常一般，出版的电镜图片变得非常模糊。而另一篇投给《实验医学》的论文则干脆被拒了，理由是"太形态学，不够医学"……

　　经历几次波折以后，有人就建议波特，要不干脆成立一个自己的期刊专门刊发电镜研究论文。1954 年的 4 月，波特在亚特兰大聚起一群电镜专家，成立了一份叫作《生物物理学和生物化学细胞学》的期刊。第二年一月便出版了第一期有着高质量电镜图片的期刊。此后的十年，波特一直负责这份期刊的编纂工作。1962 年，随着细胞生物学成为一个独立的领域，这份期刊就更名成了我们现在非常熟悉的《细胞生物学》（ Journal of Cell Biology ）。这个期刊的创立，也预示着现代细胞生物学的诞生，细胞拼图的探索也进入了如火如荼的时期。

10.7 新手的探险之旅

离微管的定义和命名仅仅过去了一年，就有一位年轻的叫作加里·鲍里西（Gary Borisy）的研究生开始了微管蛋白中的探险——当然，起初他并不是专门探索微管蛋白的。

那时候，他的导师埃德温·W. 泰勒（Edwin W. Taylor）在芝加哥大学工作，专门使用秋水仙素研究细胞分裂。秋水仙素能够摧毁有丝分裂纺锤体，也能够阻断多种貌似并不关联的生物进程。它与细胞结合得尤为轻易而直接，这意味着，细胞中大概存在某类秋水仙素结合蛋白。刚来到泰勒实验室读研的鲍里西听闻以后非常激动，决定就用这个课题完成自己的学位论文。当然，这个想法一经提出，便遭到了导师和同学们的劝阻。泰勒觉得这个课题太难了，怕是很难毕业；而实验室的同学们则说，秋水仙素与蛋白的结合压根就没什么特异性，"你只会得到一团糟的结果"。鲍里西却坚持要做这个课题，"就让我试试吧！"多年后，鲍里西回忆这段故事，笑着说当时自己属实啥都不知道啊，怎么会相信这个课题很难做呢！

幸运的是，秋水仙素的结合貌似真的有特异性。鲍里西从一堆组织细胞抽提物中分离出了秋水仙素的结合活性部分，分裂中的细胞、有丝分裂器、纤毛、精子的尾部有着最高的结合活性。就在结论呼之欲出的时候，作为对照组的脑组织也表现出了极

加里·鲍里西

埃德温·W. 泰勒

高的结合活性。这个结果令鲍里西如坠冰窟："难道真的毫无特异性吗？真的就是一团乱麻吗！"这时候，他的同学们怀疑可能是药物通过细胞膜造成的假象。但是后来，他们使用无细胞膜的乌贼轴浆，得到了同样的结果，可见，这并非实验过程造成的假象，而是另有原因。

经过仔细的归纳总结，鲍里西认为，所有表现出高秋水仙结合活性的成分都有着充沛的微管，所以，秋水仙素可能就是特异性地结合了微管。一旦秋水仙素结合活性消失，微管也消失了。

更重要的是，使用较低的盐浓度处理组织，能够得到没有秋水仙素结合活性的样本，并且，在这样处理的样本中，微管也消失了。这样，秋水仙素结合的蛋白质，极大概率就是微管蛋白了。

可惜的是，鲍里西并没有为这种蛋白质命名，他们实验室一直称呼它为"秋水仙素结合蛋白"——直到几年后，日本科学家毛利秀雄在研究纤毛的时候分离得到了显然不是肌动蛋白、但氨基酸组分接近的另一种蛋白质，才将 Tubulin 这一名字确定下来。这件事情令鲍里西感到一些懊丧："我们当时其实想过这个名字，毕竟构成 microtubule 的蛋白质叫作 tubulin 简直太理所应当了"，可是，"我们嫌它太难听"，于是错失了命名的机会。不过，即便如此，这场新手的冒险之旅仍然激动人心，在所有人都觉得难以成功的时候，鲍里西做成了！

10.8　从技术员到教授

在鲍里西踌躇满志地开始极具挑战性的研究课题的同时，另一位研究人员伊恩·里德·吉本斯（Ian Read Gibbons）也正在走向一条将会与鲍里西发生交汇的道路，不过，相较十鲍里西，吉本斯的道路要曲折得多。

出生于 1931 年的吉本斯原本并不是生物专业的。小时候，他的爸爸妈妈总是打开广播收听节目，然后告诉吉本斯发生了什么。总是能够链接到广阔世界的收音机启蒙了吉本斯对科学技术的兴趣，甚至他还自己组装了一台短波收音机。在那个量子力学风起云涌的年代，吉本斯理所当然地更喜欢物理和数学。

伊恩·里德·吉本斯

1951 年，吉本斯进入剑桥大学国王学院学习物理。不过那时候，他的导师已经预见生物学的时代即将到来，在他的鼓舞下，吉本斯渐渐开始转变兴趣。到了第三年，他获得进入卡文迪许实验室的机会，主要工作是探索电镜在生物学领域的应用。在那里，他的博士生导师正在用电镜研究纤毛和鞭毛的运动，并建议吉本斯运用新兴的超薄切片技术研究细胞有丝分裂和减数分裂中染色体的结构变化。这个课题进展得并不顺利，吉本斯没能得到预期的结果。好在大家都认为他的研究已经达到了博士毕业的标准，于是吉本斯顺利毕业了。经过抉择，吉本斯决定去往哈佛大学继续自己的研究。当然，条件是在那里建立一个新的电镜工作站，平时需要有一半时间用来指导研究生上手操作电镜、维护电镜设备，另一半时间则可以自由支配用于科研。

其实这份工作对于有着丰富研究经验的吉本斯来说有些低阶了。不过吉本斯很开心，在这里他不仅获得了生物系的资金支持，能够开展自己的研究，也认识了非常友善的合作导师乔治·沃尔德（George Wald），就是在沃尔德组织的同僚聚餐上，吉本斯偶遇了未来的妻子——当时正在攻读博士学位的芭芭拉·霍林沃思（Barbara Hollingworth）。

在哈佛大学，吉本斯一直致力于研究鞭毛和纤毛的运动机制。使用电镜，他拍到了极为清晰的拟毛滴虫属（Pseudotrichonympha）鞭毛轴丝的电镜照片，外周的微管伸出一内一外两个臂。不仅如此，他还在各种不同生物的鞭毛中拍到了极为相似的内外臂的结构，于是，吉本斯开始着手研究这样的臂是否与鞭毛、纤毛的运动相关。

幸运的是，这个时候，经过波特的推荐，哈佛大学不再要求吉本斯承担电镜技术员的工作，并聘请他担任了助理教授，吉本斯终于可以全身心地投入研究了。

凭借着过去在剑桥大学攻读博士学位打下的基础，以及他妻子熟悉的蛋白质提纯方法，吉本斯从 1962 年的 11 月开始分离蛋白质。经过三个月不断的尝试，他成功地将臂与微管分离开来。他发现，臂蛋白溶液有着很高的 ATP 酶活性。带着这些实验结果，吉本斯参加了 1963 年的生物物理学研讨会，并分享了自己的发现成果。这些成果引起了泰勒（Tylor）的兴趣。他告诉吉本斯他们实验室的鲍里西也在做这方面的工作，不过——泰勒谨慎乐观地表示，还有很多实验需要去做。

之后，吉本斯又完善了实验，并带着妻子和六个月大的女儿前去剑桥度假。游山玩水之外，他和剑桥大学的生化学家们探讨了实验结果，最后确认，这种 ATP 酶显然并非已知的肌动蛋白，并且，是它决定了纤毛能够运动。那么，该给这样的新蛋白起个什么名字呢？晚上，吉本斯和妻子聊到这个问题，芭芭拉灵光一闪，提议说就叫"动力蛋白（Dynein）"吧，在他们那个时候，Dyne 正是一个"力"的物理单位，它的本义就是"力量"。

伊恩·里德·吉本斯和妻子芭芭拉·霍林沃思

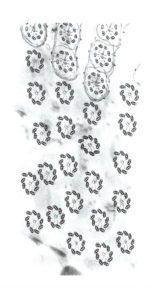

吉本斯拍到的拟毛滴虫属鞭毛轴丝的
电镜照片

10.9 因为消失的乌贼

现在我们知道，微管就和火车轨道一样，马达蛋白举着货物在轨道上来来回回地运动，而马达蛋白不仅包括了动力蛋白，还包括了驱动蛋白。

二十世纪八十年代，肌动蛋白研究有了一定突破，迈克尔·希茨（Michael Sheetz）利用丽藻，在体外复现了肌动蛋白的运动：将肌球蛋白丝固定到玻璃片上，然后将肌动蛋白贴到塑料珠子上，放到肌球蛋白丝上，塑料球就沿着肌球蛋白丝运动起来。

罗纳德·维尔

迈克尔工作的实验室楼下，是一个专注于研究神经递质传导的实验室。消息传来，楼下实验室的年轻的研究生罗纳德·维尔（Ronald Vale）十分激动，立马觉得自己的课题有救了：当时，他正在探索物质到底是如何能够走过漫长的神经细胞轴突的——如果塑料珠子黏上肌动蛋白就能够沿着肌球蛋白丝运动，那么神经细胞的原理很可能也是一样的。

于是，维尔想到了枪乌贼。枪乌贼有着异常巨大的轴突，分离其中的纤维束会更容易一些。说干就干，维尔拉来刚观察到肌动蛋白运输的迈克尔，决定一起在枪乌贼上重复这个实验。随后，他们给霍普金斯海洋监测站打电话，请求帮他们捕捞一些乌贼，对方毫不犹豫地答应了，结果几个月毫无音信。维尔于是又给海洋监测站打电话询问，结果对方无奈地表示抓不到乌贼。因为当年的厄尔尼诺现象，能够捕捞的乌贼数量骤降。天公不作美，那怎么办呢？执行力超强的维尔和迈克尔干脆打包行囊搬到了有乌贼的地方——伍兹霍尔海洋研究所。

后来，维尔回忆起这段波折，笑称这简直是上天的馈赠。伍兹霍尔海洋研究所的同僚们开发出了将电镜图像呈现到电子屏幕的技术，大大减轻了研究者观察记录的负担，并且他们已经用这个技术拍下了乌贼巨大轴突中胞浆的运输过程。

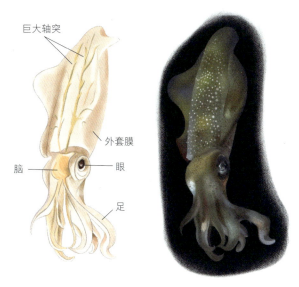

巨大轴突

外套膜

脑

眼

足

枪乌贼示意图

似乎，一切都准备好了，就等维尔和迈克尔依样重复实验了。但实验结果却令人大吃一惊：黏上了肌动蛋白的塑料球纹丝不动，而作为阴性对照的空白塑料球却沿着纤维束移动了起来。这是为什么呢？经过一番讨论，维尔和迈克尔对纤维束到底是不是肌球蛋白丝产生了怀疑。好在海洋研究所有着强大的电子显微术支持，在研究所同伴们的帮助下，他们重新分析了纤维束。结果发现，它其实是微管。既然如此，那么实验就需要重新设计。经过一番单调但关键的控制组分实验，他们发现，是细胞质基质中的水溶性组分存在某样未知的蛋白质能够推动物质在微管上运动。

接下来就是逐个分离溶液中的蛋白质并逐个检测是否能够推动物质在微管上移动。不过，按照原定计划，维尔这个时候应当回到学校参加轮转实习了。但实验眼看着就到了关键的时候，他申请推迟了轮转实习，一整个冬天都留在安静的海洋研究所，挨个儿检查蛋白组分。功夫不负有心人，他们终于提纯得到了两个组分，能够驱动物质沿着微管运动——于是，这个崭新的蛋白被命名为驱动蛋白（kinesin）。十二年后，这两个组分最终被证明分别是驱动蛋白的轻重链。

10.10　不粗不细的纤维

人们已经知道有肌球蛋白、肌动蛋白、有微管、微管上面还有忙碌的驱动蛋白、动力蛋白在来来回回搬运货物……似乎细胞内的各种纤维都已然成分明晰。不过，透过电镜，还是有科学家发现了从前从未注意过的一种新的纤维。

霍华德·霍尔泽

这种纤维最开始是霍华德·霍尔泽（Howard Holtzer）在研究骨骼肌发育时发现的。当时，学界普遍认为，发育中的骨骼肌通常拥有两种纤维：肌球蛋白构成的粗纤维和肌动蛋白构成的细纤维。而霍尔泽从 10-11 天的小鸡胚胎中取出肌肉组织，在体外培养肌细胞，结果发现，细胞中存在大量游离的纤维，尽管这堆纤维的直径存在差异，但都集中在 10nm 上下，显然，和先前认为的粗纤维、细纤维都对不上。那么，这有没有可能是微管呢？先前我们已经讲到，秋水仙素能够解聚微管。但是，在使用秋水仙素处理后，这些纤维尽管发生了变化，但依然存在。可见这种纤维极为稳定。因为它的直径介于粗纤维和细纤维之间，霍尔泽将它命名为中间纤维（intermediate-sized filament）。

不过，就像很多研究一样，现在我们追溯中间纤维的研究，会认为威廉·阿斯特伯里（William Astbury）是最早关注到中间纤维的，只是那个时候中间纤维还未被命名。

阿斯特伯里出生在英国一个陶艺世家，因为父亲的手艺，家庭的生活条件相当不错。阿斯特伯里差点也要继承父业当上陶艺大师，但因为高中老师们的影响，他开始对科学产生兴趣。之后，他获得了当地唯一一个奖学金的名额，顺利来到剑桥大学学习物理。

毕业以后，阿斯特伯里被推荐到利兹大学教授纺织物理学，依靠着纺织行业的

威廉·阿斯特伯里

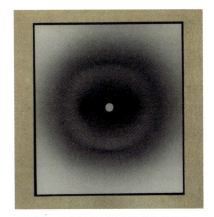

威廉·阿斯特伯里拍摄的莫扎特头发
角蛋白纤维的衍射照片

资金支持，他开始用 X 射线研究角蛋白、胶原蛋白这类生物大分子，而角蛋白是羊毛纤维最主要的成分。他很快就发现，要是把羊毛纤维拉直，纤维的衍射图片就会发生剧烈的变化，据此，阿斯特伯里推测，原本纤维的分子结构是卷曲的，拉直以后就会解开，变成直的。他将两种形态命名为 α- 螺旋和 β 形态（现称为 β- 折叠）——直到现在，我们依然使用这样的命名描述蛋白结构，只不过对它们的理解更加深入、准确了。

　　阿斯特伯里意识到，使用 X 射线研究生物大分子的结构将成为非常重要的研究手段。他不仅观察了蛋白质的结构，也观察了 DNA 的结构，他的研究为 DNA 双螺旋结构的发现奠定了基础。于是，在 1945 年，他主张利兹大学成立一个新的专业，就叫分子生物学，因为"所有的生物学研究都会走向分子结构的层面……成立分子生物学专业，将会成为研究界的领军者。"可惜的是，生物学专业的老学究们拒绝了阿斯特伯里的倡议，并不允许他使用"分子生物学"这样的名称，因为他们觉得，阿斯特伯里作为一名物理学家，涉足生物学领域是一件冲动而且不靠谱的事情。当然，历史的发展证明了阿斯特伯里的卓见，现在利兹大学的结构分子生物学中心就是以阿斯特伯里命名的。

阿斯特伯里在研究之余，还是一名古典乐爱好者。角蛋白构成的羊毛纤维在他看来就是大自然的乐器，大自然能够用它演奏出"无与伦比的主旋律、无数的变奏和和声"。1960年，他甚至从不知道什么地方搞到了莫扎特的一撮头发，拍下来他最喜爱的作曲家头发的角蛋白纤维的衍射照片。

小结

细胞骨架这个拼图的拼凑经历了细胞拼图里相对比较漫长的一个过程，从"细丝"到"粗丝"再到"中间丝"，如同连接各地的大路小路中间路。而附着其上的辅助成分也很丰富全面，从肌动蛋白到驱动蛋白再到动力蛋白，就像各式奔跑在路上的汽车。细胞骨架的发现有各式显微镜的观测，有早期摄像的，也有经典的生化组分分离鉴定。总体来说，其间包含了各种有趣的科学故事。这些故事跌宕起伏，因为从看到一块细胞拼图，到弄明白这块拼图的真正用处，往往需要很漫长的研究探索。

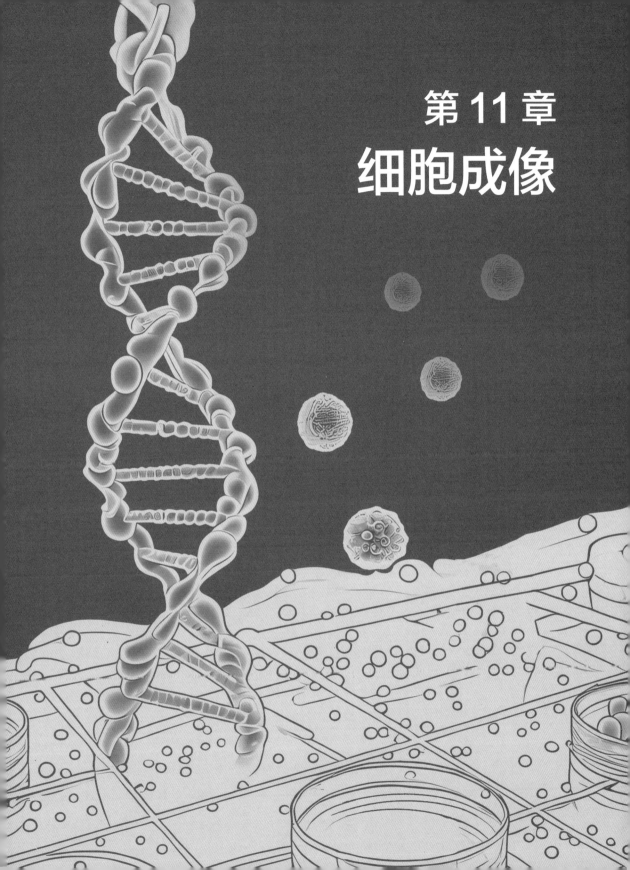

第 11 章
细胞成像

这一章，我们将简单回顾显微镜的历史。可以说，没有显微技术的不断进步，就不可能有细胞拼图的飞速发展。显微技术成长到现在，已经非常多样、复杂了。在这里，我们不打算面面俱到地介绍各种显微技术，而是着重介绍细胞成像发明史上的几桩轶事，看看人类是如何煞费苦心、曲折地一步步走进微观世界大门的。

11.1　从玻璃到显微镜

玩过显微镜的读者们一定知道，光学显微镜最核心的部件就是透镜，而透镜的打磨材料是玻璃。所以，想要获得一台显微镜，首先得有玻璃。

制造玻璃这一步完成得很早。传说，在五千年前甚至更早的时候，生活在地中海沿岸的腓尼基人就发明了最原始的玻璃。这支擅长航海的民族某一次航行途中决定靠岸做饭，于是在沙滩上支起了锅。吃饱喝足以后，腓尼基人发现，烧火的灰烬中多了些明亮而圆润的东西，玻璃就这样诞生了。这是普利尼在《博物学》中讲的故事，尽管没有太多的史料可以佐证细节，但利用海岸沙子的主要成分二氧化硅佐以做饭不慎掉落的苏打，确乎有可能在合适的温度下形成玻璃。至少现在出土的腓尼基人的饰品中，确实有玻璃的踪迹，他们已经能够将玻璃镶嵌到挂坠上，做成眼睛的样子，看起来颇有些古灵精怪的意思。

而在另一个方向，古代中国也发明出一种制造玻璃的方法，只是我们使用的材料不同，掺入了方铅矿和重晶石，这样，我们冶炼得到的就是一种手感接近玉石的铅钡玻璃。图中就是西汉江都王陵墓出土的一组玻璃磬，尽管我们还没有发现同时期的生产玻璃的工坊遗址，但当时玻璃制品应用已经相当广泛。

完成了玻璃的发明，下一步就是制造透镜，尤其是能令物体放大的凸透镜。这一步花了相当长时间。传说，有人观察草叶上的露珠，发现透过露珠能够看清叶子上每

三件出土的腓尼基人的玻璃制饰品

玻璃磬

一根绒毛；观察树干上的琥珀，透过琥珀，琥珀里面的东西也会变得非常清晰。于是，人们想到了如何借助工具观察细小的东西。但是要用玻璃磨成趁手的透镜，并不容易。尤其是凸透镜的焦距和透镜的曲率半径成正比，而放大倍数又和焦距成反比，所以，透镜的曲率半径需要非常小才能够获得更大的放大倍数，这在当时的条件下简直太难了，即便是现在，也很快会触及放大倍数的天花板。

好在我们还可以发明透镜的组合。传说，最早发明透镜组合功能的人只是个十来岁的孩子，他叫扎卡莱亚斯·詹森（Zacharias Janssen），他的爸爸汉斯·詹森（Hans Jansen）则是一个眼镜制造商。小詹森在铺子里玩透镜的时候，非常偶然地将两块大小不同的透镜叠在一起，结果发现，要是两块透镜能够放在某个适当的距离，似乎可以得到更优秀的放大效果。

于是，在十六世纪九十年代第一台复式显微镜出现了。这台复式显微镜看起来好像一个手电筒，通过推拉彼此连接的镜筒，透镜之间的距离可以发生改变，放大倍数可以在 3 到 10 倍之间变化。

听起来这个复式显微镜似乎并没有比普通的单片放大镜更好用。但它的意义在于，人们终于发明了能够变焦的镜头，通过调节透镜组合可以得到放大率更高的镜头，不需要再费尽心思打磨极小的透镜。

詹森发明的复式显微镜

詹森父子

十七世纪的显微镜

短短几十年后，"显微镜"这个词已经在欧洲得到了广泛使用。虽然，限于当时的技术水平，复式显微镜与其说是一样科学仪器，倒不如说是一款艺术品。璀璨的黄铜、精美的装饰，令其大受上流社会的追捧。至于功能，其似乎只能看看跳蚤之类的小昆虫，还没能真正打开微观世界的大门。不过不论如何，未来飞跃的种子已经埋下。

11.2　罗伯特·胡克和《显微图谱》

我们在最开始讲"cell"的命名来源时，就已经介绍了罗伯特·胡克的大名。

胡克从小就是全能人才，他喜欢机械，沉迷于自己动手做玩具，甚至还痴迷于飞行；他拥有优秀的绘画天赋，在油画匠那里做学徒时，水平突飞猛进；他还热爱音乐，他是以合唱团成员的身份来到牛津大学基督教会学院的。后来，胡克在牛津大学读书时，对科学的兴趣愈发高涨，他结交了很多朋友，这些朋友大多成长为后来英国皇家学会的成员。

1663 年，胡克获得了牛津大学文学硕士学位。此后，他进入了英国皇家学会，为学会起草了章程草案，并对会员们提出的想法做出实验验证。这个烦琐的工作胡克一干就是四十年。

罗伯特·胡克

幸运的是，2006 年人们意外发现了一份已经发黄的手稿。这份手稿就是胡克留下的，这里记载了 1661—1691 年三十年间英国皇家学会的全部内部会议。可以说，自然科学的起源终于鲜活地重现在了人们面前。

罗伯特·胡克留下的手稿

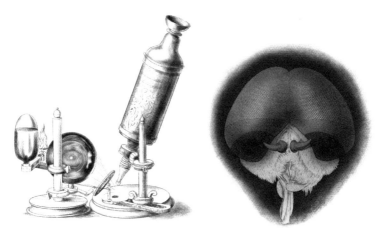

1665 年胡克设计的复式显微镜以及其绘制的苍蝇复眼

1665 年，胡克设计出一台外形非常接近现代显微镜的复式显微镜：管状的镜身两端有两个镜片，分别是物镜和目镜，物镜前方还设置有透镜来聚光。物体可以通过物镜、目镜进行两次放大，最终大约可以放大 130 倍。这个放大倍数已经足够胡克观察一些比较微小的事物了。

借助这台显微镜，胡克留下了珍贵的《显微图谱》一书，该书是英国皇家学会的第一份主要出版物，凭借精美的铜板雕刻，它在当时成为一本畅销书，初版每本定价三十先令，如此天价图书却供不应求，引发轰动。胡克绘画的天分在本书中得到充分展现，书中包括 58 幅精美绝伦、栩栩如生的图画，在照相机尚未发明的时代，这些图画都是胡克亲手描绘的显微镜下看到的情景。如胡克制作了一幅精美的苍蝇图画，展示了苍蝇精致的复眼。《显微图谱》一书为实验科学提供了前所未有的既明晰又美丽的记录和说明，开创了科学界采用图画这种最直观、最有力的工具进行描述和交流的先河，并为日后的科学家所效仿。时任英国海军部官员的塞缪尔·佩皮斯（曾任英国皇家学会会长）称赞："这本书是我此生读过的最具才华的书"，后来担任英国皇家学会主席的大科学家牛顿也对《显微图谱》赞不绝口，虽然两人在一些学术问题上产生过不少争论。

11.3 来自民间的神奇透镜

1632 年出生的安东尼·菲利普斯·范·列文虎克与罗伯特·胡克几乎是同一时代的人。不过，列文虎克的生活要艰难很多。他早年就失去了父亲，家境十分清贫，读了几年书就被迫外出谋生。在度过一段时间的学徒生涯以后，列文虎克回到了家乡，当起了市政厅的看门人。这份工作比较清闲，市政厅也是个小道消息集散地。很快，列文虎克听说荷兰当时最大的城市阿姆斯特丹有很多眼镜店，能够磨制一种放大镜，观察到很多肉眼难以看清的事物。

列文虎克非常好奇，决定去买一个见识见识。结果到了阿姆斯特丹，一问价格，简直天文数字。买一个放大镜的计划泡汤了，但列文虎克非常凑巧地看到了人家是怎样磨制镜片的：原来只需要将玻璃片磨成自己需要的样子就可以了，并不是什么特别复杂的事情。于是，列文虎克开始频繁出入眼镜店，暗中观察学习打磨镜片的技术。很快，他就学会了自己在家里磨制放大镜。到了 1665 年，列文虎克自行组装的显微镜成型了：

这是一款小巧但效果拔群的显微镜：一个扁平宽大的镜身、一个镜头、一个载物台。两块凿出小孔的黄铜片之间就是列文胡克亲自打磨的透镜，透镜和标本之间的距离可以用螺钉调节。使用时，将标本固定在针尖上，将显微镜对准光源，调节螺钉，

显微镜内的黄铜片结构

令影像达到最佳状态。

列文虎克实际上完全没有接受过正统的学术训练，也完全不懂当时学术界通行的拉丁文。他完全凭借着自己强烈的好奇心、灵巧的双手，制造出了当时世界上最先进的显微镜，能够放大三百倍左右，几乎已经达到光学显微镜的极限。凭借着这台显微镜，列文虎克看到了红细胞、原生动物、精子、细菌，记载了骨骼、肌肉、皮肤等各种器官和组织的构造。

列文虎克将自己的观察记录写成了一封封厚厚的信件，在朋友格尼亚·德·格拉夫医生的极力鼓动下，把信件邮到了英国皇家学会。但是，在那个时代，学术写作的规范已然开始建立，相较于简洁的学术论文，列文虎克口语化的荷兰语信件实在是很难引起科学家的注意，更不要说列文虎克还写上了冗长无比的标题：《列文虎克用自制的显微镜，观察皮肤、肉类以及蜜蜂和其他虫类的若干记录》。

好在学者们虽然不抱希望，但还是阅读了列文虎克的信件。这一读，就被吸引住了。列文虎克呈现的精彩世界是他们从未了解过的，从此，列文虎克开始了与英国皇家学会的通信，这一习惯他一直保持了五十年，留下了极为重要的观察记录。

至今，世界各地的博物馆中仍然保存有九台列文虎克亲自打磨的显微镜。他究竟是如何用双手磨制出如此高质量的透镜，已经不得而知了。正是凭借着如此优秀的显微镜，列文虎克成了"微生物学的开山鼻祖"，也是公认的"显微镜之父"。

11.4　探索光的更多可能

仅仅依靠打磨更高质量的透镜、改良显微镜的组装方式，人们很快就触及了光学显微镜的天花板。那么，有没有别的方法能够提升光学显微镜的性能呢？还是有的，光有更多的可能。

这个故事的主角是泽尔尼克。1888 年，泽尔尼克出生在一个教师家庭。他的父母都是数学老师，父亲还是阿姆斯特丹一所小学的校长，对各类科学都有着广泛的兴趣。所以，泽尔尼克很小的时候就能够读到各式各样的书籍。泽尔尼克也遗传了父母的天分，对自然科学表现出强烈的兴趣。靠着零花钱，他攒出了一整套试管、坩埚等实验器材。到了中学时代，泽尔尼克的理科成绩简直一骑绝尘，但是语言、历史之类的学科堪称一塌糊涂。偏科过于离谱，以至于他不得不通过一项国家统一组织的考试，才能够顺利进入大学。

在中学时代，泽尔尼克就将所有的业余时间都用来做各种各样的实验，也因此踏入了彩色摄影的大门。当时他的零花钱非常有限，他不得不自己合成乙醚用来完成显影实验。他甚至还自己拼装了一个照相机，制造了一个天文望远镜，安上旧录音机上的发条，他就能够用这套组装的器械拍下转瞬即逝的流星。

泽尔尼克的热爱在二十年后的某一天产生了回响：1930 年的一个夜晚，他在完全黑暗的光学实验室中发现了相衬现象。他使用望远镜观察一个凹面光栅表面的刻痕时，发现能够非常清晰地看到刻痕，但是一旦将望远镜对焦到镜面表面，就无法看到刻痕了。泽尔尼克经过一系列的计算和试验，认为这是由于光波的相位差引起的干涉所致。并且，他认为，利用这一现象能够获取更多关于物体表面的信息。

根据这样的原理，泽尔尼克发明了相衬显微技术：通过空间滤波器将物体的相位信息转换为相应的振幅信息，从而大大提高透明物体的可分辨性。这样，即便不通过染色，也能够观察到透明的生物组织样本，获取相当准确的细节信息。

泽尔尼克及其使用显微镜工作的插画

从这个意义上说，相衬法是一种光学信息处理方法，而且是最早的信息处理的成果之一，因此在光学的发展史上具有重要意义。1932 年，泽尔尼克就研制成功了第一台相衬显微镜，并向德国申请专利。但当时的人们并没有理解到这一技术的重要意义，专利申请拖延了四年才终于得到批准。当他抱着自己的显微镜去向著名的蔡司公司论证的时候，也遭到了蔡司公司的冷遇。直到 1941 年，蔡司公司才关注到这一发明，才生产出相衬显微镜所需的物镜和附件。可以说，是在泽尔尼克的一己之力下，相衬显微镜才终于走向科研的大舞台。

凭借相衬显微技术的发现，泽尔尼克斩获了 1953 年的诺贝尔物理学奖，这是诺贝尔物理学奖中少数几项与光学有关的奖项之一。这一成就不仅是对泽尼克的个人荣誉，更是对相衬显微技术的认可和推动。现在，在生物、医学、矿物晶体微形貌学领域，相衬显微镜都发挥着广泛而重要的作用。

11.5　用电子代替光

就算人们想尽办法，可见光的波长决定了光学显微镜的放大倍数不可能超过一千倍，分辨率的极限也就在 0.2 微米（微米就是百万分之一米）。所以，如果想要看到更加精细的世界，就需要找一种能够替代光的波，比如电子束。用电子束去"看"细微的物体，便得到了电子显微镜。而与电子显微镜相关的关键人物就是恩斯特·鲁斯卡（Ernst Ruska）和他的导师马克斯·诺尔（Max Knoll）。

鲁斯卡出生于 1906 年，是科学史家尤里乌斯·鲁斯卡的孩子。他从小接受了良好的教育，进入大学以后便专攻电子学。当时已经有科学家发现，在磁场作用下，电子束能够像光束那样发生聚焦，并且通过调整磁场的强度，电子束的焦距也可以发生变化。据此，鲁斯卡和诺尔经过一番计算，认为在有足够的加速电压条件下，用电子束代替光束，能够令分辨率高出 5 个数量级。

于是，就在 1931 年，鲁斯卡他们制造出了最原始的电子显微镜。不过，当时，鲁斯卡仍然在读书，这个重要的成果诞生于诺尔的实验室。尽管他们深知这一显微镜雏形的关键意义，但因为过于谦虚、不愿意被人视作搞噱头，诺尔在随后的一场演讲中刻意回避了"电子显微镜"这个概念，只是将鲁斯卡的发现放在"示波器设计"的介绍之后进行了阐述。

恩斯特·鲁斯卡

小结

　　显微镜的成长伴随了细胞拼图的探索历程。如果说早期的光学显微镜雏形打开了细胞观察的大门，那么电子显微镜的出现，以及前文提到过的超薄切片技术，则使得各类亚细胞结构逐步呈现在科学家们的眼前。我们在阅读细胞拼图时，感慨显微成像的强大力量，其实更应该领悟到新技术、新方法对一个学科发展的强有力推动作用。

编后记

　　细胞拼图的发现历程讲到这里告一段落了。然而，我们都清楚地知道，对细胞拼图的探索永远不停歇，一直在路上。

　　从一个个细胞拼图的故事里，我们仿佛看到每块拼图的"成长经历"：从最初的惊鸿一瞥——对一些结构的模糊观察，到接下来的百看不厌——在各类细胞里都不断看到了同样的拼图结构，再到"拼图者"们不断摸索讨论每块拼图的真正用途，这才确认一个细胞器或者亚细胞结构的真正身份。

　　那么，会不会还有拼图我们没看到？当然，绝对有可能，我们在书里也反复提到过新技术、新方法对拼图寻宝的卓越功勋，那么当代的拼图者们也在不断努力或翘首以待新的突破性技术方法，用来寻找更难找的拼图。

　　等待过程中，拼图者们的探寻发生了什么潜移默化的变化呢？越来越多的细胞拼图场景被挖掘和呈现，不同组织、不同细胞、不同环境条件或不同生长发育阶段，细胞拼图的样子会发生改变，有时变化幅度还相当大，以至于有些面目全非。这些特化场景下，细胞拼图的特化功能为我们展示了生命精彩的多样性，也使我们欲罢不能，想孜孜不倦地探索下去。你想做个拼图者吗？